农田节水技术与应用研究

万广华　李　涛　高瑞杰　主编

山东大学出版社

《农田节水技术与应用研究》编委会

前 言

干旱缺水是一个世界性的重大环境问题，我国又因人口众多、水资源量少、农业用水量大，而成为世界上水资源严重缺乏的国家之一，人均占有量仅为 2033m^3，是世界人均占有量的 1/4。山东省年平均降水量约为 680mm，水资源总量为 $3.03\times10^{10}m^3$，人均占有量为 334m^3，不足全国人均占有量的1/6。按 2008 年末全省耕地面积计算，亩均水资源占有量为 268m^3，仅为全国平均亩均占有量的 1/7，是全国水资源严重紧缺的省份之一。山东省有“十年九旱”之说，旱灾是最为严重的自然灾害。新中国成立以来，平均每年受旱灾面积为 $1.67\times10^6hm^2$。农业是山东省用水大户，但随着人口增长和国民经济的全面发展，农业用水比例逐年下降，水资源短缺的严峻形势及尖锐的供需矛盾严重制约农业的可持续发展和种植业的结构调整。

水是一种可循环但不可替代的宝贵资源，是农业的命脉，没有水就没有农业。目前，山东省总供水量约 $2.2\times10^{10}m^3$，占总资源量的 73%，今后水资源开发难度大、潜力小，农业的进一步发展只有通过实施节水技术来实现。但由于多方面原因，农田节水技术推广面积不大，农民的节水意识还没有真正树立起来，降水及灌溉水利用率偏低。

我国政府十分重视发展节水农业，在党的十五届三中全会上就明确提出：“要大力发展节水农业，把推广节水灌溉作为一项革命性措施来抓。”2008年，国家赋予农业部“运用工程设施、农艺、农机、生物等措施发展节水农业”的职责。2010 年，国家把发展节水农业正式列入“十二五”规划。这些都充分说明了发展节水农业的重要性和紧迫性。针对农业系统节水农业工作起步晚、技术人员节水农业理论知识不足的现状，山东省土壤肥料总站组织编写了《农田节水技术与应用研究》一书。该书系统介绍了节水农业的有关理论、国内外节水技术的发展、适合山东省实际的节水技术以及近几年来的研究成果，能够满足广大农业科技工作者的工作需要，对全面普及节水农业知识、推广农田节水技术、提高水资源利用效率具有十分重要的意义和积极作用。

节水农业是一项系统工程，包括充分利用自然降水、高效利用灌溉水以及提高植物自身水分利用效率等多个方面，由于编者水平有限，书中难免会有疏漏和不足之处，敬请批评指正。

编　者

2012年8月

目　录

第一章 农田节水技术基础理论

第一节 农田节水技术有关概念

一、节水农业与农业节水

节水农业指节约和高效用水的农业，即在农业生产过程中，通过运用工程设施、机械、农艺、生物和管理等措施，综合提高天然降水和灌溉水利用率及其利用效益的农业生产体系。节水农业的根本目的在于取得用水的高效益，实现农业生产效益最大化，降低污染，保护水资源，促进农业可持续发展。节水农业包括节水灌溉农业和旱地农业。节水农业是随着近年来节水观念的加强和具体实践而逐渐形成的，包括三个方面的内容：一是农学范畴的节水，如调整农业结构、作物结构，改进作物布局，改善耕作制度（调整熟制、发展间套作等），改进耕作技术（整地、覆盖等），培育耐旱品种等；二是农业管理范畴的节水，包括管理措施、管理体制与机构、水价与水费政策、配水的控制与调节、节水措施的推广应用等；三是灌溉范畴的节水，包括灌溉工程的节水措施和节水灌溉技术，如喷灌、滴灌等。

农业节水指在农业生产中节约用水的活动和措施，与工业节水、生活节水相对应，其内涵与节水农业基本一致。

二、农田节水

农田节水是指立足田间，通过田间工程节水技术、农艺节水技术实现的节水，以提高灌溉水和降水的利用率与农作物产出率为核心。农田节水是近几年农业部门结合工作职能提出的，突出在田间的农业节水措施。在灌区，以田间微型节水工程、田间灌溉末级渠系建设为重点，配置田间软管送水、喷灌、滴灌等节水灌溉设备，以提高农田灌溉的调控能力。在旱作农业区，修建和完善微型集雨抗旱工程，采取田间蓄水和节水措施，并与农业生产紧密结合。农田节水是工程、设备、农艺和管理等措施在田间的集成，实现“蓄、集、保、节、用”综合节水。推进农田节水，是现代农业建设的重要内容，也是现代农业的重要基础。

三、旱地农业、旱作农业及雨养农业

目前，国内常把旱作农业、旱地农业、雨养农业和非灌溉农业等概念相混淆，实际上它们之间虽有共同之处，但也有各自的特殊含义，不是同义词，不能画等号。它们的共同点是主要依靠天然降水从事非灌溉农业生产，但其内涵和外延各有不同。“旱农”是旱地农业、旱作农业的简称或泛称，没有特定的含义。

旱地农业是指在降水量偏少、无灌溉条件或灌溉条件极为有限的地区从事的农业生产，或是在半干旱和半湿润地区基本无灌溉条件的土地上进行的综合性农、林、牧生产活动。

旱作农业是指在降水量偏少、无灌溉条件、主要依靠天然降水从事的农作物种植业。它主要通过简单的田间拦蓄工程，以及耕作、覆盖、栽培管理、种植制度与种植结构等农业技术措施，提高对地表径流拦蓄的能力和土壤的蓄水、保水能力，减少田间深层渗漏和流失，降低无效蒸腾、蒸发，即充分利用当地天然降水与有限的地面径流。通俗地讲，就是一块地对一块天的农业。旱作农业的内容比旱地农业的内容要窄一些，是旱地农业的主要内容之一。

雨养农业是指单纯依靠天然降水所从事的农业生产，也就是非灌溉农业。雨养农业包括的地域比旱地农业更宽，它既包括降水量少的干旱地区和半湿润易旱区，也包括雨量充沛但无灌溉条件的湿润地区。因此，雨养农业除了防止季节性干旱而采取一些集水、保水措施外，还要注意排水和水土流失问题。

四、灌溉农业及节水灌溉

灌溉农业通常指以水利灌溉设施为保障，满足作物对水分要求以获得稳产高产的农业。灌溉的作用除满足水分需要外，还可以调节土壤温度、湿度、土壤空气和养分，有些灌溉形式还可以培肥地力和冲洗盐碱。通过发挥上述作用，灌溉农业提高了土地的生产能力，是一种能排能灌、稳产高产的农业。灌溉农业的另一含义是指在天然降水极少的干旱、半干旱地区，依靠水利工程设施发展起来的农业。

节水灌溉是根据作物需水规律和当地供水条件，高效利用降水和灌溉水，以取得农业最佳经济效益、社会效益和环境效益的综合措施，是用尽可能少的水投入，取得尽可能多的农作物产出的一种灌溉模式，目的是提高水的利用率和水分生产率。节水灌溉的内涵包括水资源的合理开发利用、输配水系统的节水、田间灌溉过程的节水、用水管理的节水以及农艺节水增产技术措施等方面。

五、真实节水量

真实节水量是指减少的、不可回收利用的水资源量，主要包括在取水、输水与灌溉过程中地面的无效蒸腾、蒸发量，以及流失后无法再重复利用的水量。

真实节水量概念的确立，引申出了一些对理论和实践都有重要意义的新结论。其一，传统的以提高渠系利用系数、降低输水损失、减少工程取水量作为节水灌溉中节水量指标的计算方法，在水资源平衡计算中，将一部分系统内的资源转换，计算成了资源消耗量，以工程效率代替了节水效率，夸大了节水效果。其二，实现农业节水的重要目标主要不是减少在取水、输水过程中的渗漏损失和地面流失，因为从水资源总量平衡上分析，工程节水是由毛量到净量的节水量，大部分仍停留在资源转换的系统内循环，在不同时间和不同地点，都可以被重复利用，并非真正的资源消耗。真实节水的重要目标是减少农田的蒸腾、蒸发，即节约田间净耗水量，提高单位耗水的生产率和生产效益。因此，衡量农业节水成效的指标主要不是渠系利用系数提高了多少，也不是扩大了多少渠道衬砌面积、多少管道输水面积和多少喷灌、微灌面积等，而是降低了多少田间蒸腾、蒸发，每单位田间耗水增加了多少产值和效益。

在美国，自 20 世纪 60 年代开始推广管道化输水，大部分灌区现已实现了管道化，全国渠系水的利用系数平均达到 0.78，节水水平较高。虽然发展了节水设施，但一些区域的地下水位仍然下降。在国内，也有同样情况，如山东省莱州湾地区的某些县市，自 20 世纪 80 年代开始发展管道灌溉技术，并没有因此而有效地缓解地下水的水位下降和海水入侵，在某些地区、某些年份甚至出现加剧的趋势，这主要是由于管道化输水扩大了灌溉面积、增加了灌水次数和总开采量，使灌溉回归水量减少造成的。

六、水分利用有关概念

灌溉水利用系数是指实际灌入农田的有效水量与渠首引入水量的比值。

渠系水利用系数是指末级固定渠道输出流量(水量)之和与干渠首引入流量(水量)的比值,也为各级固定渠道水利用系数的乘积。

灌溉水利用率是指某一时期灌入田间可被作物利用的水量与水源地灌溉取水总量的比值,用百分比(%)表示。它反映全灌区渠系输水和田间用水状况,是衡量从水源取水到田间作物吸收利用过程中灌溉水利用程度的一个重要指标,能综合反映灌区灌溉工程状况、用水管理水平、灌溉技术水平。

水分生产率是指单位水资源量在一定的作物品种和耕作栽培条件下所获得的产量或产值,单位为 kg/m^3 或元/m^3。

水分利用效率是指单位水量消耗所生产的经济产品数量,简写为 WUE。

第二节　农田土壤水分类型及有效性

一、土壤水的类型和性质

通常所讲的土壤水是指在标准大气压、105℃条件下能从土壤中分离出来的水分,是土壤中各种形态的水分总称,分为固态、气态和液态 3 种形态。其中,土壤中液态水数量最多,与植物生长关系最密切。根据土壤水分所受的作用力,把土壤水分类型分为吸附水(束缚水)、毛管水和重力水。

1.吸附水。指受土壤吸附力作用而保持在土粒表面的水分,又分为吸湿水和膜状水。

吸湿水是土壤利用分子引力从大气或土壤空气中吸附水气分子,从而保持在土粒表面的水分。土壤所吸附的吸湿水的数量叫作"土壤吸湿量"。土壤吸湿量的大小主要取决于土粒表面的大小和大气相对湿度的高低。一般土壤质地越黏重,有机质含量越高,其表面越大,吸湿量越大;大气相对湿度越高,土壤吸湿量越大。当大气相对湿度为 100%(即饱和湿度)时,土壤吸湿量达到最大值,称为"最大吸湿量"(吸湿系数)。其含量高低因质地而异,砂质土为 1%~2%,壤质土为 2%~4%,黏质土为 4%~6%。这部分水因所受的引力很大,远超过作物根细胞的平均吸水力,对作物来说是无效的。

膜状水是当土壤水分含量达到最大吸湿量以后,土粒表面还有一定的分子引力可以吸附动能较小的液态分子在吸湿水层外围定向排成较厚的水膜,这部分吸附在吸湿水外面的液态水膜称为"膜状水"。膜状水达到最大厚度时的土壤含水量称为"最大分子持水量"。膜状水的内层其吸水力大于根的吸水力,使作物根无法吸收。外层的水当根毛与其接触时,才能被吸收,但有效性很低。往往由于它不能及时补给，供不应求，使作物因缺水而萎蔫。当作物出现永久萎蔫时的土壤含水量称为“萎蔫系数”(凋萎系数)。萎蔫系数因土壤质地、作物和气候等差异而不同，其中土壤质地的影响尤为突出。

2.毛管水。指靠毛管力作用保持在土壤毛管孔隙中的水分。根据毛管水与地下水是否有连接的情况，分为毛管悬着水和毛管上升水。

毛管悬着水指在地势较高、地下水位较深的土壤中，降水和灌溉后，由上层土壤借毛管力所保持的水分。当土壤中毛管悬着水达到最大值时，土壤含水量称为“田间持水量”。在数量上，田间持水量包括吸湿水、膜状水和毛管悬着水。田间持水量的大小取决于土壤的质地、有机质含量、结构性和松紧状况等。在有机质含量低时，土壤质地是影响田间持水量的最重要的因素。由于土壤蒸发和作物吸收等，土壤含水量从田间持水量开始逐渐降低，当降低到一定程度时，即毛管悬着水的连续状态出现断裂，但细毛管孔隙中的水分还是连续的，这时的含水量称为“毛管断裂含水量”。对壤质土壤来讲，毛管断裂含水量相当于田间持水量的70%～75%。此时水分运动明显变慢，虽然作物还能从中吸收一定水分，但因水分补给变慢，作物吸水开始变得困难。

毛管上升水指在地势较低的地方，地下水借毛管引力上升，进入并保持在土壤中的水分。毛管上升水达到最大值时的土壤含水量称为“毛管持水量”。从地下水面到毛管上升水所能达到的最大高度称为“毛管水上升高度”。其中在一定的高度内毛管水上升速度快，含水量较高，即在短期内(几天)大量毛管上升水所能到达的高度称为“毛管水强烈上升高度”。毛管水上升高度和速度与毛管孔隙的大小有关，且因质地不同而异。其上升高度为：壤土＞黏土＞砂土，上升速度为：砂土＞壤土＞黏土。毛管上升水如能到达根系活动层，则是作物需水的重要补充来源。但在地下水矿化度较高时，毛管水上升高度，特别是毛管水强烈上升高度往往是引起土壤盐渍化的重要原因之一。当有害盐分随地下水借毛管水上升作用到达作物根系活动层时，作物就有遭受盐害的危险，且土壤易盐渍化。生产中主要的防止办法就是开沟排水，把地下水位控制在临界深度以下。地下水临界深度是指保证作物根层土壤不发生盐渍化所要求的地下水最小埋藏深度。在计算临界深度时，一般把毛管水强烈上升高度(或毛管水上升高度)加上超高(安全系数为30～50cm)。一般土壤的临界深度为1.5～2.5m。

3.重力水。指受重力作用、具有自由向下移动能力的水分。当所有孔隙都充满水分时的含水量称为“土壤全蓄水量”或“饱和持水量”。

二、土壤水的有效性

土壤水的有效性是指土壤水能否被植物吸收利用及其难易程度。不能被植物吸收利用的水称为“无效水”,能被植物吸收利用的水称为“有效水”。其中因其吸收程度不同又分为速效水(易效水)和迟效水(难效水)。

通常把土壤萎蔫系数看作土壤有效水的下限,田间持水量看作土壤有效水的上限,所以,田间持水量与土壤萎蔫系数之间的差值就是土壤有效水最大含量。

土壤有效水最大含量因不同土壤质地和不同作物而异。随着土壤质地由砂到黏,田间持水量和萎蔫系数也随之增高,但有效水含量增加的比例不高(见表1-1)。

表1-1　不同土壤质地的有效含水量

土壤质地	砂土	砂壤土	轻壤土	中壤土	重壤土	黏土
田间持水量(%)	12	18	22	24	26	30
萎蔫系数(%)	3	5	6	9	11	15
有效水最大含量(%)	9	13	16	15	15	15

黏土的田间持水量虽高,但萎蔫系数也高,其有效最大含水量并不比壤土高,因而在相同的条件下,壤土的抗旱能力反比黏土强。一般情况下,土壤含水量往往低于田间持水量,所以,有效水含量就不是最大值,而只是当时土壤含水量与该土壤萎蔫系数之差。

在有效水范围内,其有效程度也不同。在田间持水量至毛管断裂含水量之间,由于含水多,土水势高,土壤水吸力小,水分运动迅速,容易被植物吸收利用,所以称为“速效水”。

当土壤含水量低于毛管断裂含水量时,粗毛管中的水分已不连续,土壤水吸力逐渐加大,土水势进一步降低,毛管水移动变慢,呈“根就水”状态,根吸水困难增加,这一部分水属迟效水。

可见,土壤水是否有效及其有效程度的高低在很大程度上取决于土壤水吸力和根吸力的对比。一般土壤水吸力大于根吸力为无效水,反之则为有效水。

土壤水分类型及其有效性如表1-2所示。

表 1-2　　土壤水分类型及其有效性的综合示意表

水分与土粒的能量关系	atm*	10000 105℃	31	15	6.25	1/2	1/100	1/1000
	pF	7	4.5	4.2	3.8	3.7	1.2	0
土壤水分常数		烘干土	吸湿系数	萎蔫系数	最大分子持水量	田间持水量	毛管持水量	全蓄水量
土壤水分形态	结晶水 化合水	吸湿水		膜状水	毛管悬着水	毛管上升水	重力水	
					毛管水			
土壤水的有效性	无效水				有效水		多余水	

注：* 1atm(标准大气压)＝101.325kPa(千帕)；

pF：水土势的水柱高度厘米数(负值)的对数。

三、土壤含水量的表示方法

1. 土壤质量含水量。即土壤中水分的质量与干土质量的比值。因在同一地区重力加速度相同，所以又称为“重量含水量”。

$$土壤质量含水量(\%)=\frac{湿土重-烘干土重}{烘干土重}\times 100$$

2. 土壤容积含水量。即单位土壤总容积中水分所占的容积百分数。

$$土壤容积含水量(\%)=\frac{土壤水容积}{土壤总容积}\times 100=土壤重量含水量(\%)\times 土壤容重$$

3. 土壤相对含水量。指土壤含水量占田间持水量的百分数。

$$土壤相对含水量(\%)=\frac{土壤含水量}{田间持水量}\times 100$$

4. 土壤储水量。即一定面积和厚度土壤中含水的绝对数量，主要有两种表达方式：

(1)水层厚度：指一定面积在一定厚度土壤中所含水量相当于相同面积水层的厚度，通常用毫米(mm)表示。

$$水层厚度(mm)=土层厚度(mm)\times 土壤容积含水量(\%)$$

(2)绝对水体积(容量)：指一定面积、一定深度土层内水的容积。

$$水的体积(m^3/667m^2)=667(m^3)\times 水层厚度(mm)\times 1/1000$$

$$或水的体积(m^3/hm^2)=10\times 水层厚度(mm)$$

5.传统墒情表示法。旱作区农民常把土壤水分状况简称为墒情。根据土壤湿润程度、土色深浅和可塑与否等,将土壤墒情分为五种。一是汪水,指大雨或灌水后,土壤过湿而土表汪水,其含水量在田间持水量以上。二是黑墒,土壤含水量丰富,为田间持水量的70%以上,土色发暗,手拢土容易成团(砂土除外),手上有湿印和凉感。三是黄墒,含水量为田间持水量的50%~70%,土色发黄,手拢土成团,自由落地时约有一半散开,手上稍有湿痕,微有凉感。四是灰墒,含水量在田间持水量的一半以下,手拢土不成团,易散开。五是干土,指风干土,含水量在萎蔫系数以下。

第三节　农田水分循环与水量转换机制

研究节水农业首先应了解农田水分动态,农田水分动态的核心是农田水分循环与水量的转换。农田水分循环运动可概括为大气水、地表水、地下水、土壤水这四种水的转换关系。

任何地表水、灌溉水均直接或间接来自大气水,旱作农业主要水源只限于当地直接降水。灌溉农业水源则包括直接降水与灌溉水两部分。农田水分循环的起点是可进入农田的水源,通常包括直接降水(P)和灌溉引(提)水(Ir)两部分。降水直接到达地面,灌溉水则通过渠道进入田面。田面接纳直接降水与灌溉水后,一部分渗入土壤,形成土壤水(FW_1),一部分形成田面积水和作物截留水,产生类似自由水面的蒸发量(ET_1),同时形成田间灌溉退水量(RIr_1)和直接径流量(RS_1)并流入河流和下游地区。

进入包气带的水量(潜水面以上的非饱和土壤水)首先补充张力水亏缺量,多余部分下渗成为重力水,入渗补给饱水带(地下水含量层)或形成降水的地面径流量(RS_2)或形成灌溉排水量(RIr_2),排入下游河流湖泊或其他水域,部分被蒸发形成蒸发量(ET_2)。包气带土壤张力水的库容量(TWC)有一定的限度,所以,降水量或灌溉水量越大,进入含水层的水量(FW_2)以及由此形成的降水地面径流量(RS_2)及灌溉排水量(RIr_2)也越大。进入包气带土壤含水量的入渗补给量(FW_2),一部分通过地下径流(RG_{out})流入下游地面水域或地下含水层,另一部分补充了当地的地下水亏损,成为当地的可供水量(W_{pump})。在地下水埋深较浅的地区,还有一部分通过潜水蒸发补充了包气带张力水。排向河流或其他下游水域的水量,一部分为本区域或下游地区的可供水量,另一部分被蒸发(ET_3),或流入海洋、盐沼及其他无效区域。在上述农田水分的循环过程中,三个ET(ET_1、ET_2、ET_3)都已通过蒸发转化为大气水(不可再利用),属于不可恢复的资源性消耗水量。由降水形成的地面直接径流量(RS_1)和地面径流量(RS_2),由灌溉形成的退水量(RIr_1)、灌溉排水量(RIr_2)和地下径流(RG_{out}),以及当地可开采的水量(W_{pump}),都是可恢复的水量。在可恢复的水量中,一部分通过转换成为新供水资源,可加以利用(REW_1)。另一部分则由于流入海洋、盐沼及径流过程中的蒸发等原因而成为不可能再利用的资源损失量(NR_1)。农田水分循环如图 1-1 所示。

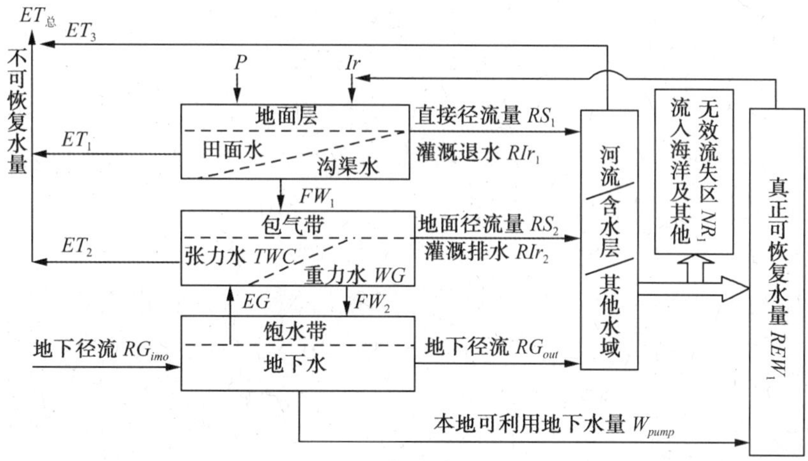

图 1-1　农田水分循环分解图

(引自沈振荣等"节水新概念")

由上述农田水分循环分析可以看出,任何一个地区的农业节水,都是通过一系列节水措施使得农田水分循环规律以及大气水、地表水、土壤水、地下水之间的相互转换得到合理的调整。如农田水分循环过程中的可恢复水量与不可恢复水量转化机制的调整,灌溉取水量中的可回收水量与不可回收水量转化机制的调整。因此,降低 ET,可减少无效的蒸腾、蒸发,提高土壤蓄水能力,减少无效流失量是节水的关键目标。

第四节　土壤的蓄水功能及合理利用

无论是灌溉水还是天然降水,其中 90% 的种植业用水都需经过土壤水的转化才能被植物吸收利用,但因耕作、管理等问题,目前我国土壤水储量比较有限,水分利用效率低,这已成为限制我国种植业产量和效益提高的"瓶颈"。如何才能科学地蓄存土壤水分、充分利用土壤水分,建立完善的土壤水高效利用和可持续的节水型农业技术体系,是促成农业用水可持续发展的关键环节之一。

一、土壤的蓄水功能

在旱作农业地区，水的主要来源是大气降水。大气降水落到地表后，一部分形成径流汇入江河，形成地表水；一部分渗入地下，受不透水层的顶托，埋藏在含水层中形成地下水；还有一部分被土壤截留、蓄存，形成土壤水，也就是常为人们所忽视的土壤水资源。由于土壤是布满大大小小孔隙的疏松多孔体，是一个非均质的、多相的、颗粒化的、分散的和多孔的系统，水和空气就在这些孔隙之中传导和保存，从而影响着各种生物的生命活动。土层深厚的土壤具有较显著的蓄存、调节水分的功能，所以被称为“土壤水库”。土壤水库是自然界水圈的重要组成部分，也是农作物生长最重要的水源之一。

（一）土壤具有巨大的蓄水容量

对农业生产来说，植物生长繁殖所需要的水分都是通过土壤这个载体来供给的。实际上，土壤是一个看不见自由水面的蓄水量相当大的“浩大水库”。据资料介绍，在黄土高原上，如果作物利用土层以 2m 深计算，一般能蓄水 500～600mm，则每 667m^2 土壤可蓄水 330～400m^3。土壤水库不但蓄水量大，而且具有不占地、不垮坝、不怕淤、不需渠、不耗电、不耗油、不发生土壤盐化等特点，只要通过一系列培肥、改土、蓄水保墒措施就能够把降水蓄存在土壤中，不需要特殊地形，也不需要大量的工程投资。同时，土壤本身还具有扩大储水库容和增加蓄水能力的潜力。如将 1m 土体的孔隙度提高 5 个百分点，就能多蓄水 50mm。一般土壤孔隙容积占土壤总体积的 35%～65%，用这些孔隙来装水就形成一个数量相当可观的土壤水库。

（二）土壤水库的调节功能

土壤水库的水对农业生产来说是极其可贵的，因为土壤水库中储存的土壤水是一种对作物生长直接有用的资源。土壤水库主要有两大调节功能。

1. 对作物供水具有连续性。土壤水库具有对作物连续供水的特有功能。作物在整个生长发育中对水分的需求是连续不断的，而大气降水和人工补灌都是间歇性供水，不能经常不断地满足作物对水分的需求，唯有土壤水能源源不断地满足作物对水分的需求，能够使间歇性的、不均匀的大气降水和灌溉水变成对作物连续均匀的供水，而且对满足作物总需水要求也具有重要的调节作用。

2. 对作物供水具有时空调节性。土壤水库利用雨季储存大量水分，解决作物需水时期与降水分布不一致的矛盾，即“伏雨春用”“春旱秋抗”，这就是土壤水库对作物供水的季节间调节作用。土壤深层储水具有较高稳定性和有效性，它在作物生育期降水不足时，可通过毛管运动或根系的吸收调节水分的供求。这是由于土壤具有团粒结构，能够储存大量的水分，而且对水分的自动调节能力也很强。每一个小团粒本身就是一个小水库，而结构好的土壤水库正是由这些无数的小水库组成的大水库。它既有一定数量的储备水源，又有通路流畅、输送灵便、保证在干旱季节供水的理想持水状态，能在不良的气候条件下，保证正常地供养作物所需的水分。这种自动调节能力主要是通过毛细管来自动调节土壤的水分含量。干旱时，上层水分不足，底层、深层储水沿毛细管上升，供作物需要。降水时，团粒间的大孔隙使降水迅速下渗，团粒内部的毛细管则大量吸水，把渗入土壤中的水变成毛管水储存起来，有效地增加了土壤水库的蓄水量和保水性。

二、土壤水储存和利用中的问题

尽管农田土壤能成为一个浩大水库，且对作物生长有重大的调节作用，但据研究，我国农田土壤水储存和利用中普遍存在诸多问题，主要表现为：一是无效耗水多。生产单位小麦籽粒或玉米籽粒一般比实际需水量多消耗 1/4～1/3。试验表明，生产 1g 小麦籽粒，需要 430～513g 水分，实际上各地生产 1g 小麦籽粒的耗水量已达到 460～714g。生产 1g 玉米籽粒需要 350～380g 水分，实际上已消耗到 500～600g，浪费 150～220g 的水分。二是休闲期蒸发量大。北方地区夏闲地土壤蒸发量要占到同期降水量的 57.3%～68.2%，冬闲地即春播作物地，土壤蒸发量要占同期降水量的 72.6%～98.3%。在整个北方旱作农业区，由南向北，休闲期土壤蒸发量分别占同期降水量的 40%、60%、80%和 100%。三是山丘坡地径流大，损失多。据山西省中阳县观测资料，一年降雨中 72%的水分产生径流损失掉了，真正对作物生长起作用的只有 28%左右。四是耕层浅，犁底层紧实，雨水难以下渗。由于连年同一层次、同一深度的重复旋耕，大多数土壤耕层浅薄，大多在 13～15cm，之下形成了一个紧实的犁底层。耕层浅，蓄水少，犁底层紧实，则吸水慢，往往使降水和灌溉水不能最大限度地得到储存。据试验，耕作层渗透性为 6.5mm/h，而犁底层只有 0.07mm/h，所以，在降雨时，大量的降雨来不及渗入土壤，就产生了径流。五是降水利用率低。据山西省气象科技人员研究，该省平均年降雨量为 535mm，其中，径流和渗漏为 91mm，蒸发为 258mm，只利用了 186mm，利用率仅为 35%。

三、提高土壤蓄水的主要措施

(一)减少不必要的降水流失,保住天上水

丘陵山区要大力加强工程措施和耕作措施建设。工程措施主要有兴修水平梯田、拦截坝等,耕作措施有水平沟种植、垄沟种植、蓄水聚肥种植、草田隔坡种植、等高种植。工程措施产生了明显的拦水效果,耕作措施提高了降水的入渗速度,工程与耕作措施对拦蓄降水有重要意义。据试验,通过深耕或深松,打破犁底层,降低了土壤容重,增加了孔隙度,从而增加了降雨的入渗速度和土体的蓄水容量,40～100cm 土层蓄水容量增加 73%,入渗速度提高了 2 倍。目前各地在试行的少耕免耕技术,因营造了土壤疏松结构,也是增加土壤保水蓄水的一项实用技术。

(二)防止不必要的蒸发,减少土壤水消耗

采用地膜覆盖、生物覆盖、秸秆覆盖、高留茬覆盖等多种方式最大限度地进行覆盖保水。在时间上,有休闲期覆盖、生育期覆盖、全年覆盖、隔年间歇覆盖等。生产实践证明,覆盖具有显著而稳定的聚水、保墒、增温、改善土壤理化性状、提高土壤肥力及其有效性、提高作物有效耗水比(蒸腾/蒸发)、抑蒸减耗、节水抗旱、促进早熟和增产等作用。一般覆盖农田比不覆盖农田蓄水量提高 20～44.6mm,增产可达 30%～100%,水分利用效率较对照提高 30%以上,是一项高效利用水资源的抗灾、节水、高产措施。

另外,通过化学调控技术防旱、抗旱,如对作物根系生长和功能具有特殊促进作用的 ABT 生根粉、土壤保墒剂、液态地膜等,已在大田作物生产上应用,并取得了显著的节水、抗旱、增产效果。

(三)培肥地力,建设土壤水库

土壤具有庞大的蓄水库容,对旱地土壤来讲,降水是土壤水库的唯一水源。如要建设土壤水库,一要采用先进的耕、耙、耱、压、锄相结合的耕作制度,解决耕层浅、犁底层紧实的突出问题,变土壤的“小库”“浅库”为“大库”“深库”。二要广辟有机肥源,增施有机肥,提高土壤有机质含量,提高土壤保水持水能力。变黏土的“吝啬小抠”为“慷慨大方”,变沙土的“挥霍浪费”为“省吃俭用”。据研究,耕层深度每增加 1cm,每 667m^2 耕地可多蓄水 6m^3。三要通过测土配方施肥技术,科学施肥,培肥土壤,提高土壤调控水分的能力,达到以肥调水的目的。据统计,一些旱作地区每生产 1kg 小麦,往往要消耗 7.2mm 以上的降水,而在肥沃的土地上,只消耗 1.4～3mm 的降水。可见,培肥土壤是提高旱作地区作物土壤水分利用率的重要手段。

第五节 农田土壤生态耗水与田间蒸腾蒸发

所谓农田土壤生态耗水，是指农田各类主要作物在全生育期或某一生育阶段的田间耗水量，或称为“作物需水量”，经常以某种作物在某一特定地域和特定条件下的需水量来表示。根据联合国粮农组织的定义，作物需水量是指一种作物在土壤水分适宜、生长正常、产量水平较高条件下的棵间蒸发(或水面蒸发)与植株腾发量、组成植株躯体、消耗于光合作用的需水量等生理过程中所需的水量之和。由于形成植株及消耗于光合作用的需水量很少(不超过1%)，所以，作物需水量经常以作物生育期农田蒸腾蒸发量(ET)表示。

一、影响农田土壤生态耗水量的主要因素

农田土壤生态耗水量随着作物种类、产量水平、气候条件的不同有较大的变化，其影响因素可以归纳为四个方面。

(一)作物种类、品种不同对水分的要求不同

不同种类的作物，同一作物的不同品种，其植株形态、生理结构特征、生长季节长短均不相同。影响作物需水量的因素很多，一般生长季长、叶面积大、植株高大松散、生长速度快、根系发达的作物需水量大，反之需水量小。体内蛋白质或油脂多的作物比体内含淀粉等碳水化合物的作物需水量要大，反之需水量小。另外，不同作物和同一作物不同品种之间也有一定的差异。

(二)同一作物不同生育阶段需水量不同

同一作物各生育阶段对水分需求差异很大，与作物生长势和植株形态、群体结构等因素有关。一般生育前期和后期，也就是幼苗期和接近成熟期需水量较小。生育中期，也就是生长旺盛阶段需水量最多。不同作物在其全生育期中还有一些对水分需求最敏感、影响产量最大的时期，称为“需水关键期”，研究需水关键期及关键期需水量对节水农业设计有极其重大的意义。所有作物的需水量除全生育期的总需水量需要研究外，还要对某一生育时段的需水量进行研究。既要有总的ET，又要有不同生育时段的ET，如月需水量、日需水量，甚至时需水量等。需水量单位以水层深度(mm或cm)或单位面积上的水量($m^3/667m^2$或m^3/hm^2)表示。某一作物总的和分生育时段的需水量与需水模数是制定科学节水灌溉制度、合理用水的重要依据。

(三)不同的自然条件作物需水量不同

作物生长期的气温、日照、空气湿度、风力等气象要素对作物需水量影响

很大。气温高、日照强、空气干燥、风力大，叶面蒸腾和棵间蒸发量都会加大，作物需水量也大，反之则小。土壤性质（质地、结构、有机质含量等）对作物需水量也有很大影响。在一定土壤湿度范围内，作物需水量随着土壤含水量的增加而增大。

（四）农田耕作与栽培管理措施是影响作物需水量的重要因素

深翻土地、提高复种指数、加大种植密度、增加施肥量等，作物需水量有逐渐增加的趋势；中耕松土、地面覆盖、少耕免耕、秸秆还田、增施有机肥料则能较明显地降低作物需水量。农业节水技术是一个复杂的组合，每一单项技术对作物需水量影响的相关性及相关程度随时间、地点和技术组合不同而不同。如深耕深松与浅耕免耕或少耕的合理配合、群体密度与作物蒸腾和棵间蒸发的关系等。

根据现有资料分析，目前我国大面积农田水分生产率明显偏低。小麦水分生产率只有 0.8～1.2 kg/m^3，春玉米、夏玉米只有 1.2～1.8 kg/m^3，棉花只有 0.4 kg/m^3 左右（皮棉）。但是一些水分生产率较高的农田，小麦水分生产率多为 1.5～2 kg/m^3，玉米多为 2.5～3 kg/m^3。这说明通过科学栽培和高效节水措施，减少棵间无效蒸发量，提高作物单位腾发量的光合效率，可达到大幅度提高农田水分生产率（节水增产）的目标，而且潜力还很大。

二、农田蒸腾、蒸发量测定方法

作物需水量或田间耗水量是反映农业用水最关键的基础数据。节水农业的核心就是实施农田的真实节水（资源型和效率型节水），降低田间的无效腾发量（*ET*）。农田真实节水的潜力，就是通过各种节水措施取得最大的真实节水量。*ET* 根据需要可按时间分为单项作物某一生育阶段的 *ET*，全生育期 *ET*，全年 *ET*，某一轮、间、套、复种周期的 *ET* 等。也可按地域空间分，如某一作物种植区的 *ET*，某一种灌溉工程模式的 *ET*，一个包括不同作物耕地、非耕地在内的区域性综合 *ET*，甚至可以为大范围计算水资源平衡的水文单元（流域、河流）的 *ET* 等。

ET 的测定方法一般有筒测法、坑测法和田测法。前两者是在特定的设备筒或坑的控制情况下进行，适宜于为科研和实验项目设计的特定目标服务，一般不适用于大面积生产条件下进行，测得的 *ET* 与大田实际的 *ET* 相差很大，只能定性地说明 *ET* 在某一特定条件下的变化趋势和相对关系。田测法是在普通生产田块中直接测量某一时段作物根系活动层（有效土层或灌水计划湿润层）土体内土壤水分的积累与消耗量的消长关系（土壤蓄变量）而得

出 ET 的方法。ET 的计算方法有水分累积量法和水分平衡法等。根据测定目标、灌溉方式、水源与水文地质条件选择采用。其基本原理是计算某一特定区域的某一特定时段来水去水要素的数量关系。获得计算 ET 的各种参数需要复杂的设备和定点定位监测，工作量和难度较大。在基本保证测定精度要求的前提下，可采用完全以土壤水分蓄变量为基础的 ET 简易田测法。

以 1m 深度土体的土壤含水量为计算基础，测定并计算出作物整个生育期的 ET。起始次以土壤播种前的土壤含水量为起点，终结次以作物成熟后的土壤含水量为终点。具体方法：测定每次灌水和降水后 1m 深度土体内各层段土壤含水量及每次灌水和降水前各层段土壤的含水量，两次之差并经过换算为 mm（或 m^3）水量即是某一阶段的 ET。生育期中各阶段的蒸腾、蒸发量之和即是作物全生育期的蒸腾、蒸发量，也就是作物的田间耗水量。

作物全生育期的腾发量（ET）计算公式：

$$ET = \sum ET_i\text{(mm)}$$
$$= \sum 10dV_i \times h_i \times (W_{i1} - W_{i2})$$

式中：ET_i：每两次降水和灌水之间，一个层段的腾发量（mm）；

$\sum ET_i$：每两次降水和灌水之间，1m 深度土体的腾发量（mm）；

dV_i：某一层土壤容重（g/cm^3）；

h_i：某一层段的厚度（cm）；

W_{i1}：每次降水和灌水后土壤含水量（%）；

W_{i2}：每次降水和灌水前土壤含水量（%）；

$h_1+h_2+h_3+\cdots+h_i=100\text{(cm)}$

在实际操作中，测定降水前的土壤含水量难于掌握，只能适当加大土壤含水量测定的频率（即土壤墒情监测），以最临近一次为准。为了减少测定土壤含水量的工作量，降雨或灌水后测定土壤含水量可以只测土体湿润深度，一般到 40～60cm 即可。每次测定灌水或降水后土壤含水量要注意好时机，一定要等到土壤中没有重力水时才测定。

第六节　主要农作物需水特性与灌溉制度

山东省主要的农作物有冬小麦、夏玉米、棉花、花生、甘薯、谷子、油菜和大豆等，其中冬小麦、夏玉米、棉花三种作物为主要灌溉作物，掌握其需水特性，实施节水灌溉技术，对节约水资源具有重要的现实意义。

一、冬小麦需水特性与适宜土壤含水量

冬小麦是山东省播种面积最大的主要粮食作物之一，主要分布在河流冲积平原、山前平原及坡麓地带。近些年来，播种面积稳定在330万公顷以上，其中近80%为水浇地。

(一)不同生育期需水特性

冬小麦全生育期一般230～270天，总耗水量为340～540mm，其中叶面腾发量占总耗水量的60%～70%，棵间蒸发量占30%～40%，土壤渗漏也损耗一部分水分。冬小麦不同生育期耗水量与气候条件、生育特点、产量水平、栽培管理状况等有密切关系，其中以生育特点的影响最为重要。依据日耗水量变化的大小，冬小麦全生育期的需水规律大致可划分为三个阶段。

1. 出苗至拔节期。这一时期地面植株覆盖度小，大多数麦田叶面积系数处于2以下，植株生长量小，温度低，耗水量少，其中棵间蒸发占主要部分，土壤水分变化主要在上层，水分变化比较平缓。此阶段历时160天左右，占全生育期的2/3，而耗水量仅占全生育期的1/3，日耗水量为一生中的最低时期。

2. 拔节至抽穗期。这一时期气温上升至10℃以上，是小麦生长量最大的时期。小麦叶面积系数达到最大值，植株需水量急剧增加，耗水量也加大，但其中棵间蒸发却因群体密度加大而大大降低。冬小麦在这一时期大约有一个月的时间，耗水量占全生育期的30%～35%，日耗水量达$3m^3/667m^2$以上。随着小麦生育阶段推移，下层土壤水分的消耗逐渐增加。拔节期后由于小麦根系的下扎，50cm以下的下层土壤水分对小麦产量的形成作用越来越重要。因此，灌溉时应注意浇水要透，使水渗入土壤深处，使小麦根系在土壤全层满足需水，以发挥浇水的应有增产效果。

3. 抽穗至成熟期。这是小麦新陈代谢较旺盛的时期。随着气温升高，水分的消耗量加大，日耗水量达到一生的最大值，但在灌浆后期，随着叶面积系数迅速下降，日耗水量也随之降至$2m^3/667m^2$以下。这一时期耗水量占全生育期的30%～35%。

(二)不同生育期适宜土壤含水量

冬小麦在不同生育期对土壤不同层次水分消耗的情况不同，对土壤含水量的适宜度要求也不同。播种到返青期，0～40cm土层的土壤水分是主要供水源，在起身到孕穗期的生育中期，40～120cm土层的土壤水分是主要供水源和储水库，在孕穗到成熟期的生育后期，深层土壤水分是主要供水源。一般认为，播种出苗期麦田土壤相对含水量保持在65%～85%较为合适，分蘖过

程要求 75%左右，水分过多不利于培育壮苗。越冬期间虽是小麦耗水量的最低峰期，但相对含水量低于 55%时会寒旱交迫，加重冻害。返青期的土壤相对含水量保持在 60%～85%时，有利于地温回升和麦苗早发。拔节期水分的丰缺对小麦的产量构成影响极大，水分不足影响亩穗数、小花分化发育并引起大量小花退化，要求土壤相对含水量保持在 70%～80%。挑旗、灌浆前期保持在 75%左右，灌浆后期在 60%～70%较为合适。

二、夏玉米需水特性与适宜土壤含水量

夏玉米是山东省的主要粮食作物，主要的种植制度是冬小麦—夏玉米一年两作，大部分分布在平原地带。近年来，播种面积稳定在 270 万公顷以上，绝大部分为水浇地。

（一）不同生育期需水特性

玉米植株高大，叶片茂盛，生长期多处于高温季节，植株蒸腾和棵间蒸发都很大。山东省以种植夏玉米为主，夏玉米耗水量为 124～296 $m^3/667m^2$，蒸腾系数（每生产一个单位的干物质所消耗的水量）一般为 240～368，每生产 1kg 籽粒约耗水 600kg。玉米不同生育期对水分的要求不同，大致可划分为六个阶段。

1. 播种至出苗期。该时期需水量少，占总需水量的 3.1%～6.1%。玉米播种后，需要吸收占自身绝对干重 48%～50%的水分才能膨胀发芽。

2. 出苗至拔节期。此时期玉米植株矮小，生长缓慢，叶面腾发量少，耗水量不大，占总需水量的 15.6%～17.8%。其生长中心是根系，为使玉米根系生长良好，必须保持土壤疏松，水分适宜。

3. 拔节至抽雄期。拔节后，玉米进入旺盛生长阶段，茎叶增长迅速，雌雄穗不断分化和形成，干物质积累增加，耗水量增大，占总需水量的 23.4%～29.6%。抽雄前 10 天左右，雄穗进入四分体期，雌穗进入小花分化期，对水分要求更高，是需水临界始期，如水分不足，会引起雌穗小花的大量退化，而减少穗粒数，同时造成雄穗“卡脖旱”，雌雄穗出现间隔延长，甚至抽不出穗子，影响授粉，降低结实，影响产量。

4. 抽雄至籽粒形成期。这时玉米进入开花、受精和籽粒体积建成期，是决定穗粒数的关键时期。此时叶面积大，植株代谢最旺盛，对水分要求达一生中的最高峰，日耗水量最高，为 3.32～3.69$m^3/667m^2$。对水分反应最敏感，如缺水，会导致粒数减少而引起减产，后果最严重。

5. 籽粒形成至蜡熟期。该期是籽粒增重最迅速和粒重建成时期，是决定

籽粒产量的重要阶段。这时玉米对水分的敏感性虽然比前一时期有所降低，但仍需要充足的水分，以保证生长和蒸腾作用的顺利进行，并将茎叶中生产积累的营养物质顺利地运到籽粒中去。如此期缺水，会因粒重降低而减产。

6.蜡熟至完熟期。籽粒成熟，进入干燥脱水过程，仅需少量水分来维持植株生命活动，以保证籽粒的正常成熟。

（二）不同生育期适宜土壤含水量

玉米所需的水分主要依靠降水供给，由于降雨季节分布不均，往往在玉米生育需水期出现季节性干旱，必须进行灌溉以弥补雨量不足，满足玉米生育阶段对水分的需要。玉米各生育期对土壤水分的需求大致分为：播种至出苗期，一般土壤相对含水量保持在70％～75％，对玉米发芽出苗最为有利。出苗至拔节期，土壤相对含水量保持在70％～75％为好，可促进根系下扎，利于壮苗，培育壮秆。拔节至抽雄期，土壤相对含水量保持在70％为宜。抽雄至籽粒形成期，土壤相对含水量保持在80％左右。籽粒形成至蜡熟期，土壤相对含水量保持在70％为宜。玉米抽雄前10天（大喇叭口期）至抽雄后20天是玉米需水的临界期，植株对水分要求迫切，反应敏感，缺水会使减产严重，应注意土壤水分供给。

三、棉花需水特性与适宜土壤含水量

棉花是山东省的主要经济作物，其产品中的皮棉是重要的纺织工业原料，棉籽是很好的工业用油和食用油原料，短绒、棉籽壳、榨油后的棉饼以及棉秆皮、棉秆等都有广泛的用途。近年来，棉花播种面积在80万公顷左右，主要集中在鲁西北地区，多为一年一作。

（一）不同生育期需水特性

棉田耗水量受自然条件、农业技术措施和产量水平的影响较大，棉花的耗水系数（每生产1kg经济产量的耗水量）一般为1300～2000kg。产量提高，耗水量就增大，但耗水系数却随产量提高而降低。生育周期中，其耗水的基本特点是苗期耗水量少，花铃期猛增，吐絮以后又减少，棉花不同生育期对水分的要求不同，大致可划分为五个阶段。

1.播种至出苗期。这个时期主要是满足种子发芽出苗所需的水分，一般棉籽吸足自身重量的60％左右水分后，在一定的温度条件下便开始萌发，以后在整个出苗过程中，需要继续从土壤中吸收水分。所以，真正提供给棉籽发芽出苗的水量甚少。不过因棉籽出苗的顶土力很弱，播种层浅，种子与土壤接触的范围小，所以，棉田土壤要有足够的口墒，才能保证出齐苗。

2. 出苗至现蕾期。这个时期因幼苗株体小，直接用于棉苗自身的水分很少，主要是土面蒸发，它相当于叶面蒸腾耗水的5倍。此阶段只要能满足幼苗对水分的要求，土壤水分可适当偏低些，将有利于提高地温，促进发根。

3. 现蕾至开花期。棉株现蕾之后，生长加快，叶面蒸腾的水分随之增多，加之气温升高，地面蒸发也加大，在这两种耗水量中，叶面蒸腾占30%左右。此阶段对土壤水分的要求较高，若缺水受旱，会引起营养生长慢，现蕾少，对产量影响大。但土壤水分过多，则营养生长过快，造成棉田过早封行，引起蕾铃大量脱落。

4. 开花至吐絮期。这是棉花营养生长和生殖生长的两旺时期，而且气温高，对水分的需要量最大。此阶段土面蒸发耗水降到次要位置，而叶面蒸腾耗水约占75%。要求土壤保持湿润状态，以满足棉花营养生长和生殖生长两旺盛的要求。

5. 吐絮期。这个时期棉花生长渐趋衰退，气温也逐渐下降，叶面蒸腾强度减弱，对水分的要求也减弱。此阶段要求土壤上干下湿，这样既利于棉株下部铃的吐絮，减少烂铃，又满足棉花生长的需要。吐絮初期土壤缺水时应进行灌溉，防止叶片过早枯黄，以增加铃重。若水分过多，容易引起贪青晚熟，增加烂铃，减产降质。

（二）不同生育期适宜土壤含水量

棉花比较耐旱，但不能受旱，水分缺乏或水分过多都对棉花生长不利。棉花不同生育期土壤计划湿润深度和适宜含水量为：苗期0～40cm土层适宜的土壤相对含水量为75%。现蕾期0～60cm土层适宜的土壤相对含水量为60%～70%。花铃期0～80cm土层适宜的土壤相对含水量为65%～75%。吐絮期0～80cm土层适宜的土壤相对含水量为60%～70%。当土壤相对含水量低于低值时，应采取灌溉措施。

第二章　农田节水主要技术

农田节水技术是一项田间节水的系统工程，主要包括田间工程节水技术和农艺节水技术。通过田间工程措施，实现输水环节节水和降水的充分利用，通过改进灌溉方式，实现灌溉环节节水，通过适宜的耕作、地表覆盖、化学调控等农艺措施，增加田间土壤蓄水能力，减少土壤水分蒸发，控制作物蒸腾，实现土壤水分的高效利用。

第一节　田间工程节水技术

田间工程通常是指农田灌溉排水系统中最末一级固定灌溉渠道与固定排水沟道之间所包围的田块内部的工程设施。目前，大多数灌区最末一级固定渠道和沟道是农渠与农沟。在非灌区主要是通过集雨工程来提高降水的利用率。田间节水工程节水包括节省灌溉用水和拦蓄降水两方面内容。本节主要介绍渠道防渗、低压管道输水、集雨补灌、土地平整四项田间工程节水技术内容。

一、渠道防渗技术

（一）作用和意义

渠道防渗工程技术就是为减少或杜绝灌溉水由渠道渗入渠床而流失所采取的各种工程技术措施和方法，是我国目前应用最广泛的节水灌溉工程技术措施。目前，我国农田灌溉用水总量约为 3.6×10^{11} m^3，1997～2009 年，农业用水比例由 69.7%下降到 62.4%。在现有的 1.2×10^8 hm^2 耕地中，灌溉面积为 5.9×10^7 hm^2，其中，尚有 6.7×10^6 hm^2 耕地得不到有效灌溉，灌溉用水缺口约为 3×10^{10} m^3。我国平均灌溉水利用率也只有 45%左右，山东省灌溉水利用率高于全国平均水平，平均为 56%，其中输水渠道渗漏是灌溉用水浪费的主要方面。我国 80%以上的渠道没有防渗措施，渠系水的利用系数很低，平均不到 0.50，也就是说，从渠首引进的水有 50%以上损失掉了。如果我国灌溉渠系水的利用系数提高 0.1，则每年可减少灌溉用水量3.6×10^{10} m^3。因此，加强渠道防渗可以极大地减少农业灌溉用水浪费问题。

渠道采取防渗措施后，一方面可以提高渠系水的利用系数，缓解农业用水供需矛盾，节约的水还可以扩大灌溉面积，促进农业生产持续发展；另一方面可以减少渠道占地面积，防止渠道冲刷、淤积和坍塌，节约投资和运行管理费用，有利于灌区的管理。此外，还可以降低灌区地下水位，防止土壤盐碱化和沼泽化，有利于生态环境和农业现代化建设。

（二）我国渠道防渗技术发展概况

我国很早就有采用黏土、灰土、三合土夯实，黏土锤打，砌砖，砌石等方法进行渠道防渗的记载。新中国成立以后，全国各地都开展了因地制宜地实践和试验研究，有力地促进了渠道防渗技术的发展，大大推动了防渗工程建设。

在渠道防渗材料方面，研究证明灰土除有气硬性外，还有一定的水硬性。为了提高灰土早期强度及减少缩裂缝，在灰土中分别掺入砂、砾石、炭渣等。为了提高水泥的抗冻及抗裂性，适当提高水泥的掺量，选用砂粒含量为 70%、黏粒含量为 3%～10%、密度在 1.8g/cm^3 以上的土料，并在施工中严格控制含水量，加强早期养护。为了提高砌石防渗的效果，除保证施工质量外，在砌体下铺设不同材料的防渗层，或采用灌浆及表面作防渗处理等方法。对于混凝土，主要是在性能满足工程要求的前提下，成功地采用了细砂、页岩及泥岩拌制混凝土，并利用外加剂改善混凝土性能，减少水泥用量以降低造价。20 世纪 80 年代以来，经过室内外试验，成功地采用和推广了薄膜等新型防渗材料和新的复合材料防渗结构形式，取得了明显的经济和社会效益。

在防渗渠道断面形式方面，20 世纪 70 年代中期以来，研究并推广了 U 形断面刚性材料防渗渠道。对大中型渠道也研究提出了弧形坡脚梯形断面和弧形底梯形断面渠道，将逐渐替代我国沿用已久的梯形断面渠道。

（三）常见的渠道防渗技术特点

1. 土料防渗特点。土料防渗是我国沿用已久的实践经验丰富的防渗措施，是指以黏性土、黏沙混合土、灰土、三合土和四合土等为材料的防渗措施。由于黏性土料源丰富，可就地取材，并且土料防渗技术简单、造价低，还可以充分利用现有的碾压机械设备，因而在我国尤其是资金缺乏的中小型渠道上应用较多。土料防渗一般可减少渗漏量的 60%～90%，每天每平方米的渗漏量为 0.07～0.17m^3。但是，土料防渗的允许流速较低，壤土为 0.7m/s，黏土、黏沙混合土、灰土、三合土和四合土的允许流速较高，为 0.75～1m/s，因而仅能用于流速较低的渠道。土料防渗的另一个缺点是抗冻性较差，多年冻融的反复作用会使防渗层疏松、剥蚀，从而失去防渗性能，因而土料防渗仅适用于气候温暖的无冻害地区。

2.水泥土防渗特点。水泥土为土料、水泥和水拌和而成的材料，主要是靠水泥与土料的胶结与硬化，强度类似混凝土。根据施工方法的不同，水泥土分为干硬性和塑性两种。水泥土料源丰富，可以就地取材，技术较简单，投资少，造价较低，还可以利用现有的拌和机、碾压机等施工设备。水泥土防渗较土料防渗效果要好，一般可以减少渗漏量的80%～90%，每天每平方米的渗漏量为0.06～0.17m^3。水泥土防渗的主要缺点是水泥土早期的强度及抗冻性较差，因而适用于气候温和的无冻害地区。

3.砌石防渗特点。砌石防渗是我国采用最早、应用较广泛的渠道防渗措施，按材料和砌筑方法有干砌卵石、干砌块石、浆砌料石、浆砌块石、浆砌石板等多种，按结构类型有护面式、挡土墙式两种。砌石防渗具有抗冲流速大、耐磨能力强、防冻抗冻能力强以及较强的稳定渠道作用，因而在提高水资源利用率、稳定渠道和保证输水安全、防冻防冲等方面均发挥了很大的作用。但是砌石防渗由于不容易采用机械化施工，施工质量较难控制，而且砌石防渗一般厚度大、方量多、用工较多，故其造价不一定低于混凝土等材料的防渗。在实际施工中，是否采用应以防渗效果好、耐久性强和造价低为原则，通过技术经济论证后确定。

4.膜料防渗特点。膜料防渗就是用不透水的土工膜来减少和防止渠道渗漏损失的一种技术措施。土工膜是一种薄型、连续、柔软的防渗材料，具有防渗性能好、适应变形能力强、耐腐蚀性强、施工简便、工期短、造价低等优点。实践表明，膜料防渗一般可以减少渗漏量的90%～95%，不仅适用于各种不同形状的渠道，而且适用于可能发生沉陷和位移的渠道，每平方米膜料防渗的造价为混凝土的1/10～1/5、为砂浆卵石防渗的1/10～1/4。经过精心施工、高质量的铺砌，防渗膜料耐久性能够确保其达到工程经济使用年限(国标SL/T231—1998)。

膜料防渗多采用填埋式，其结构包括膜料防渗层、过渡层和保护层。膜料的种类很多，按防渗材料分，有聚乙烯、聚氯乙烯、聚丙烯、聚烯烃等塑料类膜料，异丁烯橡胶、氯丁橡胶等合成塑胶类膜料，沥青和环氧树脂类。按加强材料的组合方式分，有施工现场直接喷射的直喷式土工膜和塑料薄膜，用土工织物作集材，将不加强的土工膜或聚合物用人工或机械方法将两者合成的复合型土工膜。我国目前使用的以聚乙烯为主，这种材料品质好，价格较低，薄膜厚度一般为 0.15～0.2mm，颜色以黑色、棕色为好。

5.混凝土防渗特点。混凝土防渗是目前广泛采用的一种渠道防渗技术措施，用混凝土衬砌渠道，防止和减少渗漏损失，具有防渗效果好、耐久性好、糙率小、允许流速大、强度高、便于管理、适应性广泛的特点。混凝土防渗能减少渗漏损失的 90%～95%甚至以上。在正常情况下，能运用 50 年以上。混凝土防渗渠道的糙率为 0.014～0.017，允许流速一般为 3～5m/s，能防止动植物穿透或其他外力的破坏，便于养护管理和节省管理费用。混凝土具有良好的模塑性，可根据设计要求制成各种形状和不同大小的结构或建筑物，还可以根据工程的不同要求，通过选择原材料、调整混凝土的配合比以及采取各种生产工艺，制成各种性能的混凝土。无论渠道大小、工程条件如何，一般均可采用混凝土防渗。但是混凝土衬砌板适应变化的能力差，在缺乏砂石料的地区造价较高。

混凝土防渗所采用的结构有板型、槽型、管型。板型结构有素混凝土、钢筋混凝土和预应力钢筋混凝土板等，其截面形状有等厚板、楔形板、肋梁板、门型和空心等。槽型结构有铺砌式，将混凝土或钢筋混凝土槽铺砌在挖好的基槽内，将槽架设在支架上。

6.沥青混凝土防渗特点。沥青混凝土防渗是以沥青为胶结剂，与矿粉、矿物骨料经过加热、拌和、压实而成的防渗材料，具有防渗效果好、适应变形能力强、抗老化、造价低、容易修补等优点。沥青混凝土具有适当的柔性和黏附性，能适应较大的变形，如发生裂缝有自愈能力，具有适应渠基土冻胀而不裂缝的能力，防冻害能力强。沥青混凝土虽然为黑色有机材料，存在老化问题，但老化并不严重，其防渗工程耐久性较好，一般可以使用 30 年，其造价仅为水泥混凝土防渗的 70%。由于沥青混凝土是随温度高低而变化的黏弹性材料，发生裂缝的几率较低，即使发生了，修补时仅将其裂缝处加热后用锤子击打，使裂缝弥合即可。

沥青混凝土防渗虽具有以上诸多优点，但其推广应用的较慢，料源不足是主要原因之一。沥青混凝土主要由石油沥青拌制而成，而我国的石油工业尚不能满足生产上的需要，加之我国生产的石油沥青多为含蜡沥青，其性能不能满足水工沥青的需要。施工工艺要求严格也是一个主要原因，沥青混凝土的加热、拌和等工艺要求在高温下进行，人们对此工艺的接受需要一个过程。较薄的沥青混凝土防渗层还存在植物穿透的问题，对渠基土壤要求做灭草处理。

二、低压管道输水技术

低压管道输水灌溉系统是20世纪90年代在我国迅速发展起来的一种节水节能型的新式地面灌溉系统。它利用低耗能机泵或由地形落差所提供的自然压力水头将灌溉水加低压，然后再通过低压管道网输配水到农田进行灌溉，以充分满足作物的需水要求。因此，在输配水上，它是以低压管网来代替明渠输配水系统的一种农田水利工程形式，而在田间灌水上，通常采用畦灌、沟灌等地面灌水方法。其特点是出水流量大，出水口工作压力较低，管道系统设计工作压力一般低于0.4MPa。

（一）低压管道输水灌溉系统的类型与组成

1.类型。低压管道输水灌溉系统类型很多，特点各异，一般可按下述两个特点进行分类。

（1）按各组成部分的可移动程度分类，可分为三类。

①固定式。管道灌溉系统中的水源和各级管道及分水设施均埋入地下，固定不动。给水栓或分水口直接分水进入田间沟、畦，没有软管连接。田间毛渠较短，固定管道密度大，标准高。这类系统一次性投资大，但运行管理方便，灌水均匀。有条件的地方应推广这种形式。

②移动式。除水源外，管道及分水设备都可移动，机泵有的固定，有的也可移动。它们可在灌溉季节中轮流在不同地块上使用，非灌溉季节时则集中收藏保管。管道多采用软管，一次性投资低，适应性较强，使用方便，但劳动强度大，若管理运用不当，设备极易损坏。

③半固定式，又称"半移动式"。这类系统的引水取水枢纽和干管或干支管为固定的地埋暗管，而配水管道，支管、农管或仅农管可移动。这种系统具有固定式和移动式两类低压管道输水灌溉系统的特点，是目前渠灌区低压管道输水灌溉系统使用最广泛的类型。由于其枢纽和干管笨重，固定它们可以降低移动的劳动强度。

（2）按获得压力的来源分类，可分为两类。

①机压式低压管道输水灌溉系统。在水源的水面高程低于灌区的地面高程，或虽略高一些但不足以提供灌区管网输配水和田间灌水所需要的压力时，则要利用水泵机组加压。在其他条件相同的情况下，这类系统因需消耗能量，故运行管理费用较高。我国井灌区和提水灌区的低压管道输水灌溉系统均为此种类型。

②自压式低压管道输水灌溉系统。水源的水面高程高于灌区地面高程，

管网配水和田间灌水所需要的压力完全依靠地形落差所提供的自然水头得到。一般地形坡度只要有 4/1000～6/1000 的地面坡度，即可满足自压式低压管道输水灌溉系统正常运行所需要的工作压力。这种类型不用水泵加压，故可大大降低工程投资，特别适宜在引水自流灌区、水库自流灌区和大型提水灌区内田间工程应用。在有地形条件可利用的地方均应首先考虑采用自压式低压管道输水灌溉系统。

目前，我国单井、群井汇流灌区和规模小的提水灌区及部分小型塘坝自流灌区，多采用移动式低压管道输水灌溉系统，其管网采用一级或两级地面移动的塑料软管或硬管。面积较大的群井联用灌区、抽水灌区以及水库灌区与自流灌区，主要采用半固定式低压管道输水灌溉系统，其固定管道多为地埋暗管，田间灌水则采用地面移动软管。

2.组成。低压管道输水灌溉系统依其各部分所担负的功能作用不同，一般可划分为水源、取水枢纽、输配水管网、田间灌水系统、附属建筑物和装置等部分。

(1)水源。低压管道输水灌溉系统的水源有井(泉)、水库(塘坝)、河(湖)和渠(沟)等，水质应符合农田灌溉用水标准的要求，且水中不得含有大量杂草和泥沙等易堵塞管网的物质。

(2)取水枢纽。取水枢纽的形式主要取决于水源种类，其作用是从水源取水并进行处理，以符合管网与灌溉在水量、水质和水压等方面的要求。

需要机压的低压管道输水灌溉系统必须要有水泵和动力。可根据用水量和扬程的大小，选择适宜的水泵类型和型号；在有自然地形落差可利用的地方，可采用自压式，以节省投资。渠灌区有条件时，应尽量发展自压式形式，以节省投资；在自流灌区或大中型抽水灌区以及灌溉水中含有大量杂质的地区建设低压管道输水灌溉系统，取水枢纽除必须设置进水闸和量水建筑物外，还必须设置拦污栅、沉淀池或水质净化处理等设施。

(3)输配水管网。输配水管网是由各级管道、管件及附属装置连接成的输配水通道。在灌溉面积较大的灌区，输配水管网主要由干管、支管等多级管道组成。在灌溉面积较小的灌区，一般只有单机泵、单级管道输水和灌水。

井灌区输配水管网一般采用 1～2 级地面移动管道，或 1 级地埋管和 1 级地面移动管。渠灌区输配水管网多由多级管道组成，一般均为固定式地埋管。地埋管管材目前我国主要采用混凝土管、硬塑料管、钢管、石棉水泥管和一些当地材料。输配水管网的最末 1 级管道可采用固定式地埋管，也可采用地面移动管道。地面移动管道管材目前我国主要选用薄塑软管、涂塑布管，也有采用造价较高的硬塑管、锦纶管、尼龙管和铝合金管等管材。

(4)田间灌水系统。渠灌区低压管道输水灌溉系统的田间灌水系统可以采用多种形式,常用的主要有以下三种形式。

①采用田间灌水管网输水和配水,应用地面移动管道来代替田间毛渠和输水垄沟,并运用退管灌法在农田内进行灌水。这种方式输水损失最小,可避免田间灌水时灌溉水的浪费,而且管理运用方便,也不占地,不影响耕作和田间管理,井灌区多采用这种形式。

②采用明渠田间输水垄沟输水和配水,并在田间应用常规畦灌、沟灌等地面灌水方法进行灌水。这种方式仍要产生部分田间输配水损失,不可避免地还要产生田间灌水的无益损耗和浪费,劳动强度大,田间灌水困难,而且输水沟还要占用农田,因此最为不利。

③仅田间输水垄沟采用地面移动管道输配水,而农田内部灌水时仍采用常规畦灌、沟灌等地面灌水方法。这种方式的特点介于前两种方式之间,但因无需购置大量的田间灌溉用软管,因此,投资可大为减少。田间移动管可用闸孔管道、虹吸管或一般引水管等向畦、沟放水或配水。

(5)附属建筑物和装置。依建筑物或装置在系统中所发挥的作用不同,可把它们划分为九种类型,包括取水建筑物、分水配水建筑物、控制建筑物、量测建筑物、保护装置、泄退水建筑物、交叉建筑物、田间出水口和给水栓、管道附件及连通建筑物。

(二)输配水管网规划布置的基本要求

(1)输配水管网的规划布置应使网的总长度最短,管道顺直,水头损失小,总造价低,而且管理运用方便。

(2)输配水地埋固定管道应尽可能布设在坚实的地基上,尽量避开填方区以及可能发生滑坡的地带和受山洪威胁的地带,若管道因地形条件限制必须铺设在松软地基或有可能发生不均匀沉陷的地段,则应对管道地基进行处理。

(3)根据水源和用户情况,输配水管网在平原地区可采用环状封闭式管网或树枝状管网,应尽量采取两侧分水的布置形式。在山地丘陵区宜采用树枝状管网,其主要管道应尽量沿山脊布置,以尽量减少管道起伏。地形复杂需要管道沿纵坡布置时,管道最大纵坡不宜超过 1∶1.5,而且应小于土壤的内摩擦角,并应在变坡处设置镇墩。对于直径大于 100mm 且铺设在地面上的固定管道,应在其拐弯处和直管段超过 30m 处设置镇墩。固定管道转弯角度应大于 90°,埋设深度应在冻土层以下,且不小于 70cm。

(4)输配水管网的进口设计流量和设计压力应根据全灌溉管道系统所需要的设计流量和大多数配水管进口所需要的设计压力确定。若局部地区供水压力不足,而提高全系统工作压力又不经济时,应采取增压措施。若部分地区供水压力过高,则可结合地形条件和供水压力要求,设置压力分区,采取减压措施,或采用不同等级的管材和不同压力要求的灌水方法,布置成不同的灌溉系统。在进行各级管道水力计算时,应同时验算各级管道产生水锤的可能性以及水锤压力,以便采取水锤防护措施。特别是在管道纵向拐弯处,应检验是否会产生水锤和真空现象,并依此条件,在管道工作压力中预留 2～3m 水头的余压。

(5)输配水管网各级管道进口必须设置节制阀,并应装设压力和流量的调节装置。分水口较多的输配水管道,每隔 3～5 个分水口应设置一个节制阀。管道最低处应设置退水泄水阀,在水泵出口闸阀的下游、压力池放水阀的下游以及可能产生水锤负压或水柱分离的管道处,应安装进气阀,在管道的驼峰处或管道最高处应安装排气阀,在水泵逆止阀的下游或闸阀的上游处安装水锤防护装置。

(6)应尽可能发挥输配水管网综合利用功能,把农田灌溉与农村供水以及水产、环境美化等相结合,充分发挥输配水管网的效益。

(三)低压管道输水灌溉工程技术的优点

1. 节水节能。低压管道输水系统有效地防止了水的渗漏和蒸发损失,其输水过程中水的有效利用率可达 90%以上,而土渠输水灌溉水的有效利用率只有 45%左右,因此,管灌可大大提高水的利用率,是一项有效的节水灌溉工程措施。井灌区管道输水比土渠输水节水 30%左右,比土渠输水灌溉节能 20%～30%。

2. 省地省工。以管道代替土渠输水,一般可减少占地面积的 2%～4%,而且管道灌溉输水速度快,浇地效率高,一般效率可提高一倍,用工减少一半以上。所以,渠灌区实现管道灌溉后,减少渠道占用耕地的优点尤为突出。这对于我国土地资源紧缺,人均耕地面积不足 0.1hm^2 的现实来说,具有显著的社会效益和经济效益。

3. 扩大灌溉面积。采用低压管道输水灌溉,减少了水量损失,可有效地扩大灌溉面积。在井灌区用管道输水代替土渠输水,单井灌溉面积可由 2.67～4hm^2 扩大到 6.67～8hm^2。

4. 灌水及时,促进增产增收。低压管道输水灌溉供水及时,可缩短轮灌周期、改善田间灌水条件,有利于适时适量灌溉,从而可有效地满足作物生长的需水要求。特别是在作物需水关键期，土渠灌溉往往因为轮灌周期长、灌水不及时而影响作物生长，造成减产。管道输水灌溉较好地克服了这一缺点，从而起到了增产增收的效果。

5.适应性强，管理方便。低压管道输水灌溉不仅能满足灌区微地形及局部高地农作物的灌溉，而且能适应当前农业生产责任制的要求，灌水时户与户之间干扰小、矛盾少，每个出水口可灌溉数户承包田，群众自己就能够把出水口和移动软管管好、用好。

三、集雨补灌技术

(一)雨水集蓄利用内涵

雨水是旱区农业生产的主要水源，集雨灌溉农业是一种主动抗旱的高效用水方式。发展雨水集蓄，在作物需水关键期补灌的潜力巨大，是解决水土流失和提高旱作生产力的一个结合点，也是旱区发展“小水利”和节水农业的一条新途径。

广义的雨水集蓄利用是指经过一定的人为措施，对自然界中的雨水径流进行干预，使其就地入渗，或集蓄以后加以利用；狭义的雨水集蓄利用则指将通过集流面形成的径流汇集在蓄水设施中再进行利用。雨水集蓄利用中强调了对正常水文循环的人为干预，就是通过筑集水场、修引水沟、建水池、建水窖等措施，拦蓄夏秋雨水，再用节水灌溉方式进行灌溉。雨水集蓄利用工程是指采取工程措施对规划区内及周围的降雨进行收集、储存以便作为该地区水源，从而进行调节利用的一种微型水利工程，包括雨水的汇集、存储、净化与利用，一般由集流设施、蓄水设施、净化设施、输水设施及高效利用设施组成。此工程主要适用于地表水、地下水缺乏或者开采利用困难，且年平均降水量大于250mm的干旱半干旱地区或经常发生季节性缺水的湿润、半湿润地区。

(二)雨水集蓄灌溉系统组成

所谓雨水集蓄工程是指在干旱半干旱及其他缺水地区，将规划区内及周围的降雨进行收集、汇流、存储以便作为该地区水源，并有效利用于节水灌溉的一整套系统。具有投资小、见效快、适合家庭经营等特点。雨水集蓄灌溉工程系统一般由集雨系统、截流输水系统、蓄水系统和灌溉系统组成。

1.集雨系统。集雨系统主要是指收集雨水的场地(即集雨场)，是雨水集蓄灌溉工程的水源地。选择集雨场时，首先应考虑将具有一定产流面积的地方作为集雨场，在没有天然条件的地方，则需人工修建集雨场。可利用的集雨场主要有公路或田间道路、山坡、耕地等。有条件的地方尽量将集雨场规划在高处，以便能自压灌溉。

2.截流系统。截流系统是指输水沟(渠)和截流沟，其作用是将集雨场上的来水汇集起来，引入沉沙池，而后流入蓄水系统。要根据各地的地形条件、防渗材料的种类以及经济条件等，因地制宜地进行规划布置。

利用公路、道路作为集雨场时，截流输水工程从公路排水沟出口处连接并修建到蓄水工程，或按计算所需的路面长度分段修筑，然后与蓄水工程连接。公路排水沟及输水渠应该进行防渗处理，蓄水季节要注意清除杂物和浮土。利用山坡作集流面时，可在坡面上每隔 20～30m 沿等高线修建截流沟，截流沟可采用土渠，坡度宜为 1/50～1/30，截流沟应连接到输水沟，输水沟宜垂直等高线布置并采用矩形或 U 形混凝土渠，尺寸按集雨流量确定。

3.蓄水系统。蓄水系统包括储水体及其附属设施，其作用是存储雨水。储水体的形式主要有蓄水池、塘坝、水窖等类型。在水流进入储水体之前，要设置沉淀、过滤设施，以防杂物进入储水体。同时应该在储水体的进水管(渠)上设置闸板，并在适当位置布置排水道。储水体使用的建筑材料主要有砌砖、砌石、现浇混凝土、水泥砂浆、塑料薄膜等。储水体的容积设计要考虑可能收集储存水量的多少、灌溉面积的多少，并结合当地经济条件和投入状况与技术参数全面衡量确定。储水体主要附属设施包括沉沙池、拦污栅、进水暗管(渠)、消力设施等。

4.灌溉系统。灌溉系统包括首部提水设备、输水管道和田间的灌水器等节水灌溉设备，是实现雨水高效利用的最终措施。由于受到蓄水工程水量、地形条件、灌溉的作物和经济条件的限制，不可能采用传统的地面灌水方法进行灌溉，必须选择适宜的节水灌溉形式。常见的形式有滴灌、渗灌、坐水种、膜下穴灌、细流沟灌、地膜下沟灌及担水点浇等技术，这样才能提高单方集蓄雨水的利用率。对于雨水集蓄灌溉工程，在地形条件允许的情况下，应尽可能实行自流灌溉。

四、土地平整技术

土地平整工程由田块整平、田坎修筑、表土剥离及移土培肥工程等内容组成，其工程是介于工程措施与农业措施之间。土地平整可保证进入田间的灌溉水和降水充分入渗，减少流失和深层渗漏，提高灌溉质量(均匀度)，缩短灌水时间，实现降低灌溉定额，提高水利用率。

（一）工程布局

1.土地平整工程布局。根据项目建设类型、地形条件及土壤状况等自然地理因素、社会经济发展情况以及现代化农业建设要求和农业耕作习惯，因地制宜地确定土地平整区域、平整田块布局和规格、土地平整形式等。土地平整工程应与灌溉排水、田间道路、农田防护等工程布局相衔接、协调。

2.灌溉与排水工程布局。根据水源及排水特点、地形条件、基础设施现状、田块形态，因地制宜地采取相应的灌溉与排水措施进行系统配置。

3.田间道路工程布局。开发整理区域内道路网络应根据农业生产和生活的需要，结合农田水利工程中的渠系布置，并考虑当地农业机械作业的要求，进行以田间道、生产路为主要内容的田间道路系统配置。

4.农田保护与生态环境保持工程布局。根据地形、气候条件、土壤条件、风害程度及农田防护的要求，按因地制宜、因害设防的原则营造农田保护与生态环境保持工程。

（二）土地平整工程技术指标

土地平整是最常规的节水农业措施，有旱地土地平整、水浇地土地平整、水田土地平整，但主要还是用于灌溉农田的水浇地与水田上。按平整后的田块类型划分为条田、梯田和台田。平原地区宜修建条田，山丘地区宜修建梯田，具备条件的煤矿塌陷地、盐碱地和涝洼地等宜修建台田。黄泛平原区条田适宜长度为400～800m，宽度为160～300m。滨海平原区条田适宜长度为300～600m，宽度为100～200m。山前平原区条田适宜长度为400～600m，宽度为100～200m。在土层较厚地区，地形坡度为1°～5°时，适宜田面宽度为30～40m；地形坡度为5°～10°时，适宜田面宽度为20～30m；地形坡度为10°～15°时，适宜田面宽度为15～20m；地形坡度为15°～20°时，适宜田面宽度为10～15m。在煤矿塌陷地及盐碱涝洼地区，台田适宜长度为70～80m，宽度为25～35m。根据地下水临界深度与塘底高程的关系及土质特点，原地面一般下挖1.6～2.2m，抬高地面1.5～2m，为保持台田稳定性，台面四周应筑地埂，地埂坡度宜为35°～45°，高度宜为0.3m，顶宽宜为0.3～0.4m。土地平整后耕作田面坡度和田块局部起伏高差应满足水流推进或灌水均匀的要求。沟畦灌溉的水浇地田面纵坡方向应与水流方向一致，纵坡坡度应根据土壤通透性和畦长不同而定，以1/500～1/200为宜。田面不宜有横向坡度，纵坡斜面上局部起伏高差应在±3cm之内，相邻畦田横向高差也应在±3cm之内。灌溉水田田面应平整，田面高差应在±3cm之内。

在进行条田、梯田和台田修建时，平整土地范围内的表土层必须进行剥离，一般剥离 30cm。在下层土壤平整后，将表土层覆盖。

（三）配套工程建设指标

1. 灌溉保证率。以地表水为水源的渠道灌区地面灌溉保证率要达到50％，以地下水为水源的灌区地面灌溉保证率要达到75％，灌溉水田灌溉保证率要达到80％～85％。

2. 排涝标准。排涝标准采用暴雨重现期5～10年，暴雨排除时间为：旱作区暴雨，从作物受淹起1～3天排至田面无积水；水稻区暴雨，从作物受淹起3～5天排至耐淹水深。盐渍化区返盐季节地下水位深度，砂壤土和轻壤土地下水深度要大于2.6m，中壤土大于2m，重壤土大于1.5m。

3. 田间道路与林带。机耕路路宽应达到3～6m，生产路路宽应达到2～3m。农田排水沟及田间道路旁宜两侧或一侧植树1～2行，应选择表现良好的乡土品种和适合当地条件的配置方式。

第二节　地面节水灌溉技术

地面灌溉具有不需要能源、适应性强、投资少、运行费用低、操作和管理方便等特点。所以，地面灌溉仍是世界上特别是发展中国家广泛采用的一种灌水方法。目前采用地面灌溉技术的灌溉面积占全世界总灌溉面积的90％以上，我国则有97％以上的灌溉面积仍采用地面灌溉技术。近年来，人们在生产实践的基础上，对传统地面灌溉技术进行了研究和改进，提出了节水型地面灌溉技术，如水平畦灌、长畦分段灌、小畦灌、波涌灌、地膜覆盖灌水等。

一、水平畦灌技术

水平畦灌技术是指田块纵向和横向两个方向的田面坡度接近于零或为零时的畦田灌水技术。水平畦灌具有灌水均匀、深层渗漏小、方便田间管理、适宜于机械化耕作以及直接应用于冲洗改良盐碱地等优点。

（一）主要特点

（1）畦田田面各方向的坡度都很小（1/3000以下）或为零，整个畦田田面可看作是水平田面。所以，水平畦田上的薄层水流在田面上的推进过程将不受畦田田面坡度的影响，而只借助于薄层水流沿畦田流程上水深变化所产生的水流压力向前推进。

（2）通常要求进入水平畦田的总流量很大，以使进入畦田的薄层水流能在很短时间内迅速覆盖整个畦田田面。

(3)进入水平畦田的薄层水流主要以重力作用、静态方式逐渐入渗到作物根系土壤区域内，与一般畦灌主要靠动态方式下渗不同，它的水流消退曲线为一条水平直线。

(4)由于水平畦田首末两端地面高差很小或为零，所以，对水平畦田田面的平整程度要求很高。一般情况下，水平畦田不会产生田面泄水流失或出现畦田首端入渗水量不足及畦田末端发生深层渗漏现象，灌水均匀度高。在土壤入渗率较低的条件下，灌溉田间水利用率可达90%以上。

(二)适用范围

水平畦灌适用于各类作物和多种土壤条件，尤其适用于土壤入渗速度较低的黏性土壤。研究表明，一般应用水平畦田灌溉技术，田间灌溉水利用率可提高到80%，灌溉均匀度提高到85%左右。作物的水分生产率由1.13kg/m^3提高到1.7kg/m^3。因此，水平畦田灌溉技术的节水增产效益显著。

(三)基本要求

水平畦灌技术对土地平整的要求较高，水平畦田地块必须进行严格平整。对于水平畦田的土地平整程度，美国土地保持局要求的基本标准是：80%的水平畦田地面田块平均高差在±1.5cm以内。实际上，利用激光控制的平地铲运机平整工地，其平整后地面平均误差均在±1.5cm以内。根据水平畦田地块原有的平整程度的好坏，可以采用粗平机械和精平机械。此外，由于水平畦灌供水流量大，故在水平畦田进水口处还需要有较完善的防冲保护措施。同时，由于水平畦田宽度较大，为保证沿水平畦田全宽度都能按确定的单宽流量均匀灌水，必须采取与之相适应的田间配水方式、田间配水装置及田间配水技术措施。

二、长畦分段灌技术

(一)主要特点

小畦灌需要增加田间输水沟和分水、控水装置，畦埂也较多，在实践中推广存在一定的困难。为此，近年来在我国北方旱区出现一种称为长畦分段灌的技术，即将一条长畦分成若干个没有横向畦埂的短畦，采用地面纵向输水沟或塑料薄壁软管将灌溉水输送入畦田，然后自下而上或自上而下依次逐段向短畦内灌水，直至全部短畦灌完为止的灌水技术，称为“长畦分段灌”或“长畦短灌”。长畦分段灌若用输水沟输水和灌水，同一条输水沟第一次灌水时，应由长畦尾端短畦开始自下而上向各个短畦内灌水。第二次灌水时，应由长畦首端开始自上而下向各分段短畦内灌水。输水沟内一般仍可种植作物。

（二）技术要求

长畦分段灌的畦宽可以宽至5～10m，畦长可以达200m以上，一般为100～400m，但其单宽流量并不增大。这种灌水技术的主要技术要求是：确定适宜的入畦灌水流量、侧向分段开口的间距（即短畦长度与间距）和分段改水时间或改水成数。一般分段畦的面积控制在0.07～0.1hm^2。

（三）主要优点

长畦分段灌是一种节水型地面灌水技术，它具有以下优点。

1.节水。长畦分段灌技术可以实现低定额灌水，灌水均匀度高于85%，与畦田长度相同的常规畦灌技术相比可省水40%～60%，田间灌水有效利用率提高1倍左右或更多。

2.省工。灌溉设施占地少，可以省去一至二级田间输水沟渠。

3.适应性强。与常规畦灌技术相比，可以灵活适应地面坡度、糙率和种植作物的变化，可以采用较小的单宽流量，减少土壤冲刷。

4.易于推广。该技术操作简单，管理费用低，因而经济实用，容易推广。

5.便于田间操作。由于田间无横向畦埂或渠沟，方便机耕和采用其他先进的耕作方法，有利于作物增产。

三、小畦灌技术

（一）主要特点

小畦灌是我国北方井灌区行之有效的一种节水灌溉技术，主要是指“长畦改短畦，宽畦改窄畦，大畦改小畦”的“三改”畦灌灌水技术。山东、河北、河南等省的一些园田化标准较高的地方，正在逐步推广应用。其优点是灌水流程短，减少了沿畦的长度产生的深层渗漏，因此能节约灌水量，提高灌水均匀度和灌水效率。缺点是灌水单元缩小，整畦时费工。小畦灌就是相对过去长畦、大畦而言，将灌溉土地单元划小，但畦子的大小也不是越小越好，而是根据一些技术指标来确定畦田的长度、宽度。

（二）技术要求

小畦灌技术的畦田宽度：自流灌区为2～3m，机井提水灌区以1～2m为宜。地面坡度为1/1000～1/400时，单宽流量为2～4.5L/s，灌水定额为20～45$m^3/667m^2$。畦田长度：自流灌区以30～50m为宜，最长不超过70m。机井和高扬程提水灌区以30m左右为宜。畦埂高度一般为0.2～0.3m，底宽0.4m左右，地头埂和路边埂可适当加宽培厚。

四、波涌灌技术

波涌灌是对地面沟(畦)灌水方法的重大发展,又称"涌流灌"或"间歇灌"。它是间歇性地按一定的周期向沟(畦)供水,使水流推进到沟(畦)末端的一种节水型地面灌水新技术。通过几次放水和停水过程,水流在向下游推进的同时,借重力、毛管力等作用渗入土壤,因而一个灌水过程包括几个供水和停水周期,这样田面经过湿—干—湿的交替作用,一方面使湿润段土壤入渗能力降低;另一方面使田面水流运动边界条件发生改变,糙率减小,为后续周期的水流运动创造一个良好的边界条件。这两方面的综合作用使波涌灌具有节水、节能、保肥、水流推进速度快和灌水质量高等优点,并能基本解决长畦(沟)灌水难的问题。

试验及示范推广表明:波涌灌较传统连续灌溉的灌水效果和节水效果,与土壤质地、田面耕作状况、灌前土壤结构及灌水次数有关,一般波涌灌较同条件下的连续灌节水10%～25%,水流推进速度为连续灌溉的1.2～1.6倍,灌水均匀度提高10%～15%。

(一)灌水方式

1.定时段—变流程方式,也称"时间灌水方式"。这种田间灌水方式是在灌水的全过程中,每个灌水周期(一个供水时间和一个停水时间构成一个灌水周期)的放水流量和放水时间一定,而每个灌水周期的水流推进长度则不相同。这种方式对灌水沟(畦)长度小于400m的情况很有效,需要的自动控制装置比较简单、操作方便,而且在灌水过程中也很容易控制。因此,目前在实际灌溉中,波涌灌多采用此种方式。

2.定流程—变时段方式,也称"距离灌水方式"。这种田间灌水方式的每个灌水周期的水流新推进的长度和放水流量相同,而每个灌水周期的放水时间不相等。一般来讲,这种灌水方式比定时段—变流程方式的用水效果要好,尤其是对灌水沟(畦)长度大于400m的情况,灌水效果更佳。但是,这种灌水方式不容易控制,劳动强度大,供水设备也相对比较复杂。

3.定流程—变流量方式,也称"增量灌水方式"。这种田间灌水方式是以调整控制灌水流量来达到较高灌水质量的一种灌水方式。这种方式能在第一个灌水周期内增大流量,使水流快速推进到灌水沟(畦)总长度的3/4位置处停止供水。然后在随后的几个灌水周期中,再按定时段—变流程方式或定流程—变时段方式,以较小的流量来满足计划灌水定额的要求。主要适用于土壤透水性能较强的条件。

（二）控制方式

波涌灌灌水可自动控制，也可人工控制。自动控制灌水是用装有波涌阀和自控装置的设备，按预定的计划时间放水和停水，在灌水期间交替进行放水，直到灌水结束，自动控制波涌灌灌水效率高、省工，但增加设备投资，要求灌溉用水管理水平高。波涌灌田间灌水系统基本上有两类；一类是“单管”波涌灌溉田间灌水系统，即由一条单独带阀门的管道与供水处相连接；另一类是“双管”波涌灌溉田间灌水系统，一般通过埋于地下的暗管管道把水输送到田间，再通过竖管和阀门与地面上带有阀门的管道相连，这种阀门可以自动地在两组管道间开关水流。在目前我国灌区灌溉管理水平和生产经济条件下，大面积推广应用波涌灌自动控制灌水设备尚有困难。人工控制就是采用传统连续灌时开、堵沟（畦）口的办法，按波涌灌灌水要求向沟（畦）放水。采用此法灌水，人员劳动强度有所增大，但不需要增加设备投资，仅将一般连续灌水改为波涌灌灌水方式即可。

五、地膜覆盖灌水技术

地膜覆盖灌水技术是在地膜覆盖栽培技术的基础上，结合传统地面灌水沟、畦所发展的一种新型节水灌溉技术。它是在地面上覆膜，通过放苗孔、专用灌水膜孔、膜缝等渗水、湿润土壤的局部灌溉技术，适宜在干旱、半干旱地区应用。地膜覆盖灌水技术包括膜侧灌、膜上灌和膜下灌等三类灌水方法，并且各种地膜覆盖灌水方法都有各自的特征和适用范围。

（一）膜侧灌

膜侧灌又称“膜侧沟灌”，是指在灌水沟垄背部位铺膜，灌溉水流在膜侧的灌水沟中流动，并通过膜侧入渗到作物根区的土壤内。膜侧沟灌的灌水技术要素与传统的沟灌法相同，适合于垄背窄膜覆盖，一般膜宽为 0.7～0.9m。膜侧灌主要应用于条播作物和蔬菜。该技术虽然能够增加垄背部位种植作物根系土壤的温度和湿度，但灌水均匀度和田间水有效利用率与传统沟灌基本相同，没有多大改进，并且裸沟土壤水分蒸发量较大。

（二）膜下灌

膜下灌可以分为膜下沟灌和膜下滴灌两种。膜下沟灌是将地膜覆盖在灌水沟上，灌溉水流在膜下的灌水沟中流动，以减少土壤水分蒸发。其入沟流量、灌水技术要素、田间水利用率和灌水均匀度与传统的沟灌相同。该技术主要应用于干旱地区的条播作物和保护地蔬菜等。膜下滴灌即把滴灌管铺设在膜下，以减少土壤棵间蒸发，提高水的利用率。该技术更适合于在干旱、半干旱地区应用。

（三）膜上灌

膜上灌是目前应用最广泛的地膜覆盖灌水技术。它是在地膜栽培的基础上，将原来在灌水沟垄背上铺膜改为在灌水沟（畦）内铺膜，灌溉水流在膜上流动，并通过膜孔（放苗孔或专用灌水孔）或膜缝入渗到作物根部土壤中去的灌水技术。与传统的地面沟（畦）灌相比，膜上灌改善了作物生长的微生态环境，增加了土壤温度，减少了作物棵间蒸发和深层渗漏，土壤不板结、不冲刷，结构疏松，通气性好，可以大大提高灌水均匀度和田间水有效利用率，有利于作物节水增产和品质提高。

第三节 蓄水保墒耕作技术

传统的蓄水保墒耕作技术主要有深耕蓄墒技术、耙耱保墒技术、镇压保墒和提墒技术、中耕保墒技术等，这些技术在干旱地区、干旱年份的节水、保水效果很明显。通过采用深耕松土、镇压、耙耱保墒、中耕除草等改善土壤结构的耕作方法，可以疏松土壤，加深活土层，增强雨水入渗速度和入渗量，减少降雨径流损失，切断毛细管，减少土壤水分蒸发，使土壤水的利用效率显著提高。根据天然降雨的季节分布情况，为了使降雨最大限度的蓄于“土壤水库”之中，尽量减少农田径流损失，需因地制宜采取适宜的耕作措施。

一、深耕蓄墒技术

利用大马力机械进行耕作，深耕深度控制在30～40cm，一般2～3年深耕一次效果较好，也可以深耕30cm并深松10cm，此种方式更易被农民接受。目前，农田耕翻普遍采用旋耕，一般耕翻深度只有10～15cm，耕层以下是坚实的犁底层。机械深耕、深松能够打破犁底层，加深耕层土壤厚度，增加土壤蓄水量。传统的耕作由于犁底层的存在影响了土壤入渗量，限制了土壤蓄水能力。一般耕作时，水分入渗量只有5mm/h左右，1m土层蓄水量不足1350m^3/hm^2。深耕后的土壤水分入渗量为7～8.5mm/h，1m土层蓄水量可达1800m^3/hm^2。

据莱州市轻壤质潮棕壤麦田深耕深松试验资料，深耕30cm并深松10cm、深耕30cm比常规耕作可使土壤容重降低，毛管孔隙度增加，毛管孔隙作为土壤的“水库”，在大雨过后，0～40cm“库容”平均增加蓄水12.1m^3/667m^2，对改善土壤的蓄水性能效果明显。

二、耙耱保墒技术

耙耱保墒技术主要是碎土、平地，以减少表土层内的大孔隙，减少土壤水分蒸发，达到保墒的目的。耙耱的深度因目的而异。早春耙耱保墒或雨后耙耱破除板结，耙耱深度以 3～5cm 为宜，耙耱灭茬的深度一般为 5～8cm，但耙茬播种时，第一次耙地深度至少 8～10cm。若在播种前几天耙耱，其深度不宜超过播种深度，以免因水分丢失过多而影响种子萌发出苗。山东省的降雨一般集中在 6～9 月，10 月秋种时降雨季节已过，此时气温仍较高，土壤蒸发量较大，耕作后如不及时耙耱、碎土保墒，土壤水分会很快蒸发，地面上会形成大量的干土块，将影响秋种质量。休闲地不耙耱碎土，若冬季无较大的雨雪，将严重影响春播。

三、镇压保墒和提墒技术

镇压是指碎土及压紧土壤表层，具有保墒和提墒作用。在冬季地冻的时候进行，效果较好。这是因为冬季土壤的坷垃大而多，容易失墒，镇压可以压碎土块，减少土表的大孔隙，减少土壤气体与大气的交流，抑制土壤气态水的损失。当土壤湿度较小，在毛管断裂含水量以下时，土壤水分的损失主要是在土壤内部汽化，通过土壤大孔隙向大气扩散。因此，进行镇压压碎坷垃，堵住大孔隙，可起到保墒作用。

当镇压的主要目的是提墒保苗时，可以在播前或播后进行。土层深翻与播种时间相距较近时，土壤表层的干土层太厚，种子不易播在湿土层中，此时灌溉往往不一定及时，需要镇压使土粒紧密，促使土壤水分上升，有利于提高种子的出苗率。山东省的冬小麦种植区在初春融冻后进行镇压，可以使土壤沉实，起到保墒、促进分蘖、防止倒伏的良好作用。需要注意的是，镇压需要在地表土层干燥时进行，以免造成土壤的板结。

山东省桓台县的经验是：小麦播种前土壤墒情为一般状况时，可采取镇压提墒、增水保苗的措施。即播种后 1～2 天顺垄踏压、破碎坷垃，减少表层土壤水分蒸发，增加土壤表墒，促使早出苗。此种方式不但省去一次跟种水，充分利用土壤水，而且避免了跟种水带来的土壤地湿、地表板结、降低地温的弊病。

四、中耕保墒技术

作物在生长期内，可采用中耕保墒技术。中耕的主要作用是松土、锄草、切断土壤毛管、防止土壤板结，从而减少水分蒸发，增加降水入渗能力。雨后2～3天及时中耕，有利于保墒。对山东省的冬小麦种植区来讲，早春气温回升快、土壤逐渐解冻，应当抓住时机划锄，切断毛细管水上升，减少土壤水分散失，利于小麦春季生长。

第四节 覆盖保墒技术

农田覆盖是一项人工调控土壤与作物间水分条件的栽培技术，是降低农田水分无效蒸发、提高用水效率的有效农业措施之一，也是当前世界上干旱和半干旱地区广泛推广的一项保墒措施。在我国，覆盖栽培技术在传统农业中应用早已有之，并得到了广泛的推广和应用。利用覆盖技术可以抑制土壤水分蒸发，减少地表径流，蓄水保墒，提高地温，培肥地力，改善土壤物理性状，抑制杂草和病虫害，促进作物生长发育，提高水的利用率。试验表明，降雨和灌溉进入农田的水量，小部分补给地下水，大部分转化为土壤水，而土壤水的棵间蒸发是农田节水可以调控利用的潜在水量。据观测，土壤表面蒸发量占农田总蒸发的1/4～1/2。覆盖材料可因地取材，如利用作物秸秆、塑料薄膜、沙石等。

一、秸秆覆盖保墒技术

秸秆覆盖就是利用作物的秸秆、干草等覆盖在土壤表面上。秸秆覆盖能减少地表蒸发和降雨径流，提高耕层供水量，取得明显增产效果。据测定，秸秆覆盖的抑蒸保墒效应可波及土体1m深处，一个年度可以减少耗水量$60m^3/667m^2$。在降雨或灌水后，将秸秆覆盖垄间，可以调节地温，保持土壤湿度，改良土壤培肥地力。

我国的北方旱作农业区和补充性灌溉农业区多采用麦秸、麦糠、玉米秸等进行秸秆覆盖，在小麦、玉米等作物播种后、出苗前，以$150～200kg/667m^2$干秸秆均匀铺盖于土壤表面，以“地不露白，草不成坨”为标准，盖后开沟，将沟土均匀地撒盖于秸秆上。目前山东省主要是采取小麦联合收获，小麦秸秆进行本田覆盖。据莱州市试验，玉米地实行小麦秸秆本田覆盖后，腾发量减少了31.9mm，占常规栽培条件下腾发量的8.03%。山东省的低山丘陵区果园、茶园秸秆覆盖较多，覆盖材料多是麦秸、麦糠、杂草等，覆盖时间为春季或夏季，覆盖量为$500～1000kg/667m^2$，覆盖秸秆厚度一般15～20cm。秸秆覆盖在果树树盘范围内，同时在果树树干周围留出直径为40cm的空地，以便于夏天排涝，秸秆覆盖后要撒少量土压实，以防风吹和火灾。为避免秸秆腐烂可能出现的果树暂时缺氮现象，第一年覆盖时每 667m^2 要比常规施肥多施尿素 10kg。据莱州市试验，果园秸秆覆盖后，土壤含水量高于地面裸露部分 2～4 个百分点，水分腾发量减少了 155.4mm，占常规栽培下苹果水分腾发量的 19.78％。

二、地膜覆盖保墒技术

（一）发展和应用范围

地膜覆盖技术在我国 20 世纪 60 年代开始试验研究，20 世纪 80 年代正式在全国推广应用，并得到不断完善和发展，由单季地膜覆盖扩展到周年地膜覆盖多种模式，对农业生产具有很大的促进作用。地膜覆盖主要用于旱作农业区、旱寒地区、灌溉条件较差的地区以及经济作物种植区。应用的主要农作物有小麦、玉米、棉花、花生、甘薯、马铃薯、甜菜、蔬菜、瓜果等。山东省地膜覆盖推广面积较大，是山东省旱作农业史上最普遍、最有效及增产幅度最大的一项技术。

（二）机理和作用

农田地膜覆盖阻断了土壤水分的垂直蒸发，使水分横向迁移，增大了水分蒸发的阻力，有效地抑制土壤水分的无效蒸发，对土壤水分的抑蒸力可达 80％以上。覆膜的抑蒸保墒效应促进了“土壤—作物—大气”连续体系中水分的有效循环，增加了耕层土壤储水量，有利于作物利用深层水分，改善作物吸收水分条件、水热条件及作物生长状况，有利于土壤矿质养分的吸收利用。

农田实行地膜覆盖后，土壤水分与大气交换受到地膜的隔离，从土壤表面蒸发出来的水汽只能滞留在地膜内的小环境中。当早晚气温较低时，在膜下形成水滴，并不断滴在膜下土壤中，再渗入到下层土壤中。当白天温度上升时，土壤水分再次蒸发，温度降低时又凝结成水，这样周而复始，构成一个水汽小循环，使土壤含水量增加。另外，地膜覆盖以后，地表温度升高，在无重力水的情况下，由于土壤热梯度的差异，促使深层土壤水分向上移动，提高了上层土壤水分含量。

（三）技术要点

1.精细整地。精细整地是地膜覆盖的基础。地膜覆盖的田块要进行翻耕，耕后及时耙耱保墒，达到地平、土碎、墒足，无大土块，无根茬，为保证覆膜质量创造良好条件。

2.科学施肥。根据土壤养分亏缺状况，科学配比施肥是地膜覆盖增产的保证。一般来说，在土壤翻耕时要施足基肥。基肥以有机肥和磷肥为主，有机肥施用量较常规增施30%～50%，作物中后期应及时采用根外追肥、水肥结合的方法补充肥水，以防止作物脱肥早衰。目前，随着控释肥推广应用，能够有效解决地膜覆盖带来的追肥不方便的问题。

3.起垄。要根据种植作物需要进行起垄，垄向以南北向为宜。垄做好后，再轻轻镇压垄面，使垄面光滑平整，利于地膜绷紧，膜面能紧贴垄面，增温保墒效果好，而且还有利于土壤毛细管水分上升。在干旱少雨地区，大面积采用地膜覆盖时，应在垄沟中分段打埂，以便纳雨蓄墒。

4.喷洒除草剂。地膜覆盖容易在膜下滋生杂草，特别在多雨低温年份，易形成草荒，与作物争水、争肥、争光照，影响盖膜效果。所以，在覆膜前要适当使用除草剂，按照适宜的剂量和稀释浓度均匀地喷洒地面，以防药害。

5.覆膜。覆膜质量直接关系到地膜覆盖的效果，是地膜覆盖栽培的关键。整地、起垄、喷洒除草剂后应立即覆膜。覆膜时，要将地膜拉展铺平，使地膜紧贴地面。地膜的两侧、两头都要开沟埋入土中，并要压紧、压严、压实，使膜面平整无坑洼，膜边紧实无孔洞。然后再在膜面上每隔1.5m压一土堆，每隔3m压一土带，以防风吹揭膜。应用地膜覆盖机覆膜，功效高，质量好，均匀一致，并且节省地膜。

6.田间管理。在播种、定植后，覆盖在田间的地膜常会因风吹、雨淋和田间作业遭到破坏，有的膜面出现裂口，有的膜侧出现漏洞，如不及时用土封堵严实，地膜会很快裂成大口，使地温下降，土壤水分损失，杂草丛生，失去盖膜的作用。因此，在田间管理时，应注意不要弄破地膜，要经常检查，发现破口及时封堵，以防大风揭膜，造成毁苗、伤苗。

山东省周年覆膜技术主要应用在旱地上。在上述技术要点的基础上，秋季起垄覆膜，小麦种沟底，来年垄上薄膜打孔种春作物，夏收小麦留高茬，麦秸盖沟。

（四）主要技术效果

1.增产效果。地膜覆盖与不覆盖相比，增产效果显著。一般大田作物花生、棉花增产30%～40%。据山东省农业技术推广总站资料，花生实行地膜覆盖比不覆盖每667m^{2}平均增产101.2kg，增产率为38.8%。利用地膜覆盖栽培的果类、蔬菜可提早上市2～10天，增产30%～50%。

2.增温效果。地膜覆盖栽培的最明显效果是提高土壤温度。春季低温期间采用地膜覆盖，在白天接受阳光照射后，0～10cm深的土层内温度可提高1℃～6℃，甚至8℃以上。春季及冬季低温期间，地膜下土壤表层温度的提高，利于作物生长发育。

3.保墒效果。由于薄膜的气密性强，地膜覆盖后能显著减少土壤水分蒸发，增加耕层土壤含水量，并使土壤湿度稳定，有利于根系生长。据山东省青州市、海阳市、沂水县的测定结果，冬前膜下耕层土壤含水量比对照高 3.6 个百分点，夏初 5 月膜下土壤含水量比对照高 9.8 个百分点。随着土层的加深，水分差异逐渐减小。

4.土壤改良效果。地膜覆盖可以避免因灌溉或雨水冲刷而造成的土壤板结现象。因增温、保墒效应，促进了土壤微生物的活动和有效养分的释放，使土壤疏松、通透性好，土壤结构有了明显改善。

地膜覆盖有许多优点，但是连续多年使用地膜，会使土壤中残膜量增加，造成“白色污染”，在推广应用中要注意回收残膜，建议使用可降解地膜，限制使用超薄膜。

三、化学覆盖保墒技术

化学覆盖是利用高分子化学物质加工成的乳剂，喷洒到土壤表面，可形成一层覆盖膜，阻止水分子通过，从而抑制土壤水分的蒸发，起到保墒增温作用。

前苏联是最先使用(1933 年开始)农田化学覆盖剂的国家。20 世纪 60 年代，化学覆盖剂引起了美国、日本、法国、印度、罗马尼亚、比利时等 10 多个国家的重视，应用该技术增产效果可达到 10%～30%。我国于 20 世纪 60 年代开始试验研究并研制出多个产品，在辽宁、甘肃、河南、湖北、陕西、浙江和山东等 10 个省试验推广，取得了较好的效果。但由于使用化学覆盖剂投入较大，大面积推广有一定困难。

化学覆盖剂，又称土壤保墒增温剂，按所用原料的不同，化学覆盖剂有合成酸渣制剂、天然酸渣制剂、沥青制剂、渣油制剂等，其中以合成酸渣制剂和沥青制剂效果较好。

(一)使用方法

目前市场上化学覆盖剂商品不多，主要为高浓度乳状液，使用时加水缓慢稀释到一定的倍数(只能按规定倍数稀释，浓度过稀会破乳不能成膜)，然后用压力喷射机均匀喷洒在土壤表面，每公顷用量为 1200～2250kg，经 1～2 小时后，脱水破乳，与土粒黏结，形成一层连续的薄膜。

(二)作用与功效

1.保墒作用。喷洒化学覆盖剂后，土壤水分向大气蒸发的通道被阻断，在一般日蒸发量为1.5～9mm的情况下，蒸发量可减少33%～49%，15天时间里可节水30mm，有效地保持了土壤水分。

2.增温作用。化学覆盖剂应用后，效果类似地膜覆盖，除抑制土壤水分蒸发外，还可提高土壤温度，有利于早春播种发芽和幼苗生长。据试验测定，晴天地表温度可升高5℃以上，20cm土层日平均温度上升2℃以上。

3.减轻水土流失。由于化学覆盖剂在土壤表面形成了一层覆盖膜，在抑制土壤水分蒸发的同时，对表层土壤颗粒进行了胶结，在降雨时，可减轻雨水对土壤表土的冲刷，起到保持水土作用。

（三）应用效果

山东省青州市邵庄镇的对比试验结果证明，应用化学覆盖剂保墒、增产效果明显，土壤水分增加3～5个百分点，玉米、苹果、小麦增产8.3%～12.6%。黑龙江省海伦县种植玉米施用化学覆盖剂，适时早播，每公顷增产玉米2025～2145kg，增产率为67%～71%。河南省民权县种植棉花喷施化学覆盖剂，播种15天后土壤水分含量显著高于裸地，接近地膜覆盖效果，每公顷增产皮棉480kg，增产率近70%。甘薯育秧时，在苗床土表喷施化学覆盖剂，可节约育秧成本，苗壮苗旺。另外，化学覆盖剂还应用于林木育苗，也取得较好效果。

四、砂石覆盖保墒技术

砂石覆盖是利用卵石、砾石、粗砂和细砂的混合体覆盖在土壤表面，铺设一层厚度为5～15cm的覆盖层，称为“砂石”或“石田”。砂田是甘肃省干旱地区创造出来的蓄水保墒、防旱抗旱、提高地温、保护土壤的一项有效措施，已经有三百多年的历史。山东省的干旱没有达到西北干旱地区的干旱程度，自然条件差距较大，至今为止未见山东省研究和采用该技术的报道。

第五节　保护性耕作技术

保护性耕作是利用还田机械或收获机械将秸秆直接粉碎后均匀抛洒在地表，然后实施机械免（少）耕播种，以达到改善土壤结构，培肥地力，提高抗旱能力，减少风蚀、水蚀，节本增效，保护环境的目的。保护性耕作技术是采用机械化装备和手段作为载体来实现农业可持续发展的一项先进耕作技术。山东省从2002年开始引进，并进行试验、示范、推广，到2010年，全省保护性耕作面积发展到$7.99\times10^5hm^2$，推广保护性耕作机械3万多台。

一、疏松土壤原理

传统耕作是耕翻土壤表层，其目的是为作物生长创造良好的土壤条件，主要是疏松土壤、除草和翻埋肥料。通过耕作促进土壤中水、肥、气、热的交换流通，以利于作物生长发育。保护性耕作的松土原理与传统耕作不同，可以概括为五个方面。

1. 根系松土。作物的根系死亡腐烂后，留下大量孔道，可以进行水分入渗、运移，气体交换。免耕时间愈长，孔道积累愈多，对作物生长愈有利。但经过翻耕后，这些孔道就被破坏。所以，实施保护性耕作切忌经常翻耕。

2. 蚯蚓松土。由于土壤长期未人工翻耕和植物大量根系的保留，为土壤生物的生存繁衍提供了客观环境条件，如蚯蚓、微生物等。蚯蚓在不断地制造孔道，所造孔道粗细适当，是很好的水、气、肥通道，有利于形成良好的耕层。根据中国农业大学等在山西省临汾市的测定，传统耕作小麦地没有蚯蚓，保护性耕作 6 年的麦地每平方米有蚯蚓 3～5 条，10 年以后有 10～15 条。旋耕作业对蚯蚓有很大杀伤性，从这一观点看，保护性耕作不宜采用旋耕作业。

3. 胀缩松土。土壤冬冻春融、干湿交替使土壤在膨胀和收缩的自然过程中趋向疏松，孔隙度增加。

4. 结构松土。通过生物残茬碎秆的混入，增加了土壤有机质，促进了土壤团粒结构的增多、微生物活性的增强，有利于耕层疏松、稳定，且不容易在降雨、灌水等影响下回实。由于有机质增多、耕作减少，有利于形成团粒结构。

5. 机械深松。在土壤自我恢复能力不能满足农业生产需要时，可以用机械对土壤补充深松。机械深松不打乱土层，不破坏地表覆盖物，对蚯蚓等杀伤小。实施保护性耕作第一年，为打破犁底层疏松土壤，可以进行深松。

二、主要技术模式

按照经济效益优先、产量稳定增产、农机作业环节科学衔接、农业生产环境改善、农业生产资源有效利用的原则，根据玉米收获方式的不同，山东保护性耕作技术模式主要有两种。

玉米联合收获技术模式：玉米联合收获秸秆粉碎覆盖地表→机械深松（2～4 年一次）→小麦免耕播种→小麦田间管理→灌溉（有灌溉条件）→小麦联合收获秸秆覆盖地表→机械玉米免耕播种→玉米田间管理→灌溉（有灌溉条件）。

玉米人工收获技术模式：玉米人工收获→秸秆粉碎覆盖地表→机械深松（2～4 年一次）→小麦免耕播种→小麦田间管理→灌溉（有灌溉条件）→小麦联合收获秸秆覆盖地表→玉米免耕播种→玉米田间管理→灌溉（有灌溉条件）。

三、技术要点

保护性耕作主要包括秸秆覆盖、免（少）耕施肥播种、机械深松和机械植保四项技术。

（一）秸秆覆盖技术要点

收获后秸秆和残茬留在地表覆盖，是培肥地力、蓄水保墒、保护环境的关键。因此，要尽可能多地把秸秆留在地表，在进行整地、播种、除草等作业时要尽可能减少对覆盖状况的破坏。为减轻作物残茬对播种质量的影响，秸秆粉碎质量要高，抛撒要均匀。

小麦秸秆覆盖：小麦联合收获后秸秆直接切碎覆盖，秸秆切碎长度不大于 10cm，合格率高于 90%，抛撒不均匀率低于 20%。

玉米秸秆覆盖：玉米联合收获直接切碎还田，或者人工收获后用秸秆还田机直接粉碎还田覆盖。玉米秸秆切碎长度应小于 5cm，秸秆切碎合格率高于 90%，抛撒不均匀率低于 20%，秸秆覆盖率不低于 30%。

畜牧业发达或秸秆有特殊利用途径的地区，夏秋至少秸秆还田一季，其中秸秆未还田的一季，应进行高留茬还田。

（二）免（少）耕施肥播种技术要点

免（少）耕施肥播种技术就是在秸秆覆盖的地里，直接进行施肥和播种。免耕施肥播种是保护性耕作的核心技术。

1. 小麦免耕播种前，取消铧式犁或旋耕机对土壤的耕翻。播种时，动土量越少越好。播种后，种床内秸秆量尽可能少，形成的地表覆盖的作物残茬不影响小麦出苗及生长发育。开沟、施肥、播种、镇压等多道工序尽可能一次完成，实现复式作业，减少机械对土壤的碾压破坏。

2. 玉米免耕播种作业。播种量为 1.5～2.5kg/667m^2，播种深度为 3～5cm，沙土或干旱地区应适当增加 1cm 左右，在种子侧下方 4～5cm 施肥。小麦免耕播种作业：播种量为 5～10kg/667m^2，旱地为 12～15kg/667m^2，播种深度为 2～4cm，落籽均匀，覆盖严密，在种子下方 5cm 左右施肥。

3. 选择优良品种，并对种子进行精选处理。要求种子的净度不低于 98%，纯度不低于 97%，发芽率达 95%以上。播前应适时对所用种子进行药剂拌种或包衣处理。

4.作业质量。播种量按农艺要求选择，播种量上限误差要低于0.5%，下限误差低于3%，种子机械破碎率不高于0.5%，播种深度合格率不低于75%，地头起落整齐，地头宽度为播种机的2～4倍。

(三)机械深松技术要点

机械深松技术是在不翻土、不打乱原有土层结构的情况下，用机械疏松土壤，打破犁底层，增加土壤耕层深度。机械深松可熟化深层土壤，改善土壤的通透性，增强土壤蓄水保墒能力，促进作物根系生长发育，提高作物产量。

1.根据不同土壤条件，选择相应机具进行深松作业，作业时土壤含水量应为15%～22%。

2.根据土壤条件和土壤压实情况，一般2～4年一次。对新采用保护性耕作的地块，可能有犁底层，应先进行一次深松，打破犁底层。

3.小麦播前深松，局部深松时，采用带翼深松铲或振动深松机进行下层间隔深松，深松间隔40～60cm，深松深度为23～30cm。全面深松时，深松深度为35～50cm，不得有漏松现象。

4.作业深度一致，不重不漏，松后平整地表。

5.深松后要及时镇压，裂沟要合墒弥补，直接进行小麦免耕播种作业。

(四)机械植保技术要点

机械植保技术就是利用药械将化学药物喷洒到田间，进行病虫草害防治的措施。

1.根据防治目的，采用相应的药液配制规程和正确的施药方法。药液要均匀地喷洒在作物茎秆和叶子的正反面，同一地块同种作物应在3天内完成一遍作业。

2.用药量要符合当地农业技术要求，作业中无漏液、漏粉，喷洒不重、不漏，交接行重叠量不大于工作幅宽的3%。

3.风力超过3级、露水大、雨前及气温高于30℃时不宜作业。农药持效期和安全使用间隔期，一般不再使用农药。

4.机组作业采用梭式行走法作业。

四、技术效果

山东省示范表明，保护性耕作后土壤水分和肥力显著增加，农作物抗旱、防寒能力显著增强，其技术效果主要表现在以下几方面：

1.提高产量，保护性耕作与传统耕作相比，小麦平均增产37.49kg/667m^2，玉米平均增产 34.31kg/667m^2。

2.降低机械作业成本,保护性耕作可使秋季机械作业工序减少三到四项,减少作业成本 30～40 元/667m^2。

3.节省灌溉用水,免耕播种后土壤耕层内仅部分松动,大部分土层结构紧实,灌溉时,水分入渗孔隙少,灌溉用水少,传统耕作第一遍灌溉,一般需水 50m^3/667m^2,保护性耕作需水 30m^3/667m^2。

4.增加农民收入,长期推广保护性耕作技术后,农民增收节支 100 元/667m^2 左右。

5.改善农业生态环境,应用保护性耕作技术,可降低化肥和农药施用量,减轻对土壤和水源的污染,并有效利用了秸秆,杜绝了秸秆焚烧。

第六节　化学调控技术

随着新材料和新技术的不断发展,越来越多的化学制剂应用于旱地农业生产,形成化学调控水分的新技术。按使用对象,化学抗旱剂可分为用于土壤或作物的两大类。用于土壤的有提高土壤蓄水能力的保水剂和抑制土面蒸发的土面保墒增温剂,用于作物的有抑制叶面蒸腾、降低叶面温度、加强光合能力、调节作物生长、促进根系发达等不同功能的制剂。以下分别介绍几种目前使用较多的土壤和作物化学抗旱制剂。

一、保水剂的应用

保水剂从成分上大致可分为无机、有机和高分子合成物质三类。保水剂吸水速度快(吸水能力可达 50～500 倍),在干旱环境下能将所含水分通过扩散慢慢渗出,并能反复吸水和渗水。20 世纪 70 年代,美国首先将保水剂用于农林业生产。我国继美国、日本、西欧之后,于 20 世纪 80 年代开始研究并研制出各种类型的保水剂。保水剂有不同类型的产品,按照形态分为粉末状、纤维状、片状,按照原料的不同分为淀粉类、纤维类、合成聚合物类。

(一)保水剂的作用与功效

1.提高土壤吸水能力。保水剂具有吸水和保水能力,主要是由于保水剂分子内部拥有大量的可电解的羧酸盐基团,这是吸水的动力。另外,它是低交联物质,吸水后网状结构撑开,蓄水空间加大,持水能力增强。保水剂与土壤大颗粒混合后,遇灌水或降水,保水剂便吸水膨胀,在土壤中形成一个个“小水库”。当土壤干旱时,“小水库”逐渐释放出蓄存的水分,供植物根系吸收，保水剂恢复原状。再遇灌水或降水又能吸水形成“小水库”。河北省农科院土肥所曾对天津化工学院和石家庄市化工研究所提供的保水剂进行了吸水能力测定，含 1g 保水剂的 200g 土样加 140mL 水达到饱和，而不含保水剂的土壤加 70mL 水即达到饱和，结果表明，土壤中施用 0.5％的保水剂可以使土壤吸水量增加 1 倍。

2.增强土壤保水和调温能力。国内许多试验证明，大田施用一定数量的保水剂，一般可提高土壤持水率 40％左右。同时，由于施用保水剂，土壤保持了大量水分，土壤热容量增大，而蒸发缓慢，土壤热损失减少，从而维持了较稳定的土壤温度，使白天最高温度偏低，夜间最低温度偏高，昼夜温差减小。早春最低温度可比不施保水剂土壤高，晚秋地温下降缓慢，夏季最高温度比不施保水剂的低，抑制了土壤温度的骤升骤降。但保水剂对土壤温差的影响随着土层的加深而减弱。在作物生长中后期，保水剂对地温的影响不如前期显著。

3.改善土壤结构。施用保水剂可以改善土壤的团粒结构。保水剂在土壤中吸水膨胀，把分散的土壤颗粒黏结成团块状。结构的改善使土壤容重下降，孔隙度增加，调节土壤水、气、热状况，使其向有利于作物生长方向变化。

4.提高土壤保肥能力。保水剂的保肥能力是因为它不仅具有表面分子的吸附、离子交换作用，而且保水剂网状结构中的大量可解离的离子可与肥料溶液中的铵离子进行交换，大量的羧基还能吸引或络合肥料中的养分，同时保水剂还能以“包裹”的方式把土液中的铵离子包裹起来，以减少化肥的淋失。但当保水剂与肥料混合使用不当时，会使保水剂失去亲水性，降低保水剂的吸水能力，所以，保水剂不能与带有锌、锰、镁等二价金属的肥料混施，但可与硼肥、钼肥、钾肥、氮肥混合使用。

（二）保水剂使用方法

保水剂价格较贵，直接施入土壤造价太高，难以大面积推广，但采用种子涂层、根部及插条涂层等方法可以取得满意的效果。山东省在山区应用保水剂植树较多，大大提高了树木的成活率，部分果园采用穴施对于抗旱效果较好。

1.种子涂层。将保水剂与水在搅拌下配成一定浓度的涂层液，将种子慢慢放入，搅拌混合均匀，放在水泥地上或干土上晒干，种子表面即形成一层薄膜，然后播种。保水剂的用量根据种子的播种量而定，粮食作物和棉花种子采用种子重量的 0.5％～1％为宜。种子用保水剂涂层后，相当于给种子进行了包衣，使种子周围含水量提高，能供给幼苗生长较多的水分，并缓和昼夜地温变化的剧烈程度。涂层中可添加一些农药和激素，减少土壤病菌危害，促使种子早发芽、早出苗。

2. 根部及插条涂层。根部及插条涂层主要用于树苗、花卉幼苗、菜苗的暂时储存、移栽和运输过程。苗木挖出后洗去根部泥土，将保水剂和木屑以1∶1重量比例混合，附于根部，把苗木捆扎成束，将其根部装入刺有小孔的聚乙烯塑料袋中，再放入水中浸渍2小时，充分吸水后定植，可提高成活率。此法也适用于苗木的长途运输。插条涂层应用于甘薯秧苗栽植、果枝繁殖、树枝插扦等。保水剂与水以1∶1比例混合，将剪好的插条放入调好的保水剂胶状分散体中，插条蘸上保水剂后取出稍晾干即可栽植。

3. 掺入土壤。用于苗床土的可将表土与占表土重量0.3%～0.5%的保水剂混合，能提高土壤保水能力。用于穴施的大致用量为穴沟干土重量的0.05%～0.2%，施入量太少起不到蓄水保墒作用，施入量过大不但成本高而且雨季常会造成土壤储水过高。

4. 流体播种。这是近年美国、日本和欧洲一些国家采用的一种新播种工艺。它的做法是将催芽种子和保水剂胶液按适当比例混合后，用流体播种机播种。因有弹性的保水剂胶液流体的保护，播种时不会伤害已出芽的种子。近年来，我国也已试验研究这种新技术，河南镇平县农技中心自1992年以来进行了小麦流体播种新技术试验研究。结果证明，在播后一直未下雨的情况下，土壤含水量不足12.3%时，流体播种4～5天即达全苗，出苗率提高7%。

二、黄腐酸(FA)的应用

黄腐酸属于抗蒸腾剂的一种，含有植物所需的多种营养元素和氨基酸及生理活性强的多种生物活性基团，能有效地降低植物叶片气孔的开张度，减少植物的水分蒸腾，保持植物体内水分，提高植株体内多种酶的活性，促进根系发育，增加植物叶片叶绿素的含量，增强光合作用，调节作物的生长发育。

(一)作用机理

1. 控制气孔开张度，降低蒸腾强度。在作物需水临界期遇到干旱时，叶面喷施FA能明显地使气孔开张度减小和蒸腾降低。在喷施2天后，用印迹法测定小麦倒2叶的气孔开张度，结果是用FA(0.5%)处理的为0.6μm，而对照的为2.2μm，且这种抑制气孔开张度的效应大约可延续10天。河南省科学院生物研究所测定表明，喷施FA后，作物蒸腾强度在3～7天内均低于对照，9天的作物总耗水量较对照减少6.3%～13.7%。

2. 促进根系生长，提高根系活力。由于FA中活性基因的含量较高，对植物具有较强的刺激作用。试验结果证明，用FA拌种，对作物根系生长发育有明显的促进作用，主要表现在根系发达，密度大，冬小麦越冬期单株次生根比对照多3.3条、总根重多2.1g，分别增加54.1%和23.9%。

3.改善水分状况，提高抗旱能力。在干旱条件下，作物通过发育良好的根系不断地吸收和利用土壤深层水分。据测定，FA拌种的小麦叶片含水率比对照增加4.9%。另外，由于有效地抑制了气孔开张度，降低了作物蒸腾，耗水量减少，土壤水分消耗速度也相应减慢，土壤含水量比对照提高0.8～1.3个百分点。

4.增加叶绿素含量。小麦在拔节孕穗期受到干旱时，表现出叶绿素含量下降，叶片发黄，叶面喷施FA后，叶绿素含量明显高于对照。这种效应可一直持续到灌浆初期，甚至灌浆中期，这对提高叶片的生长活力和光合能力、增加干物质积累，无疑是非常重要的。

（二）增产效果

使用FA对作物地上部和地下部的生长均有刺激作用，可在一定程度上缓解土壤的水分胁迫，增强作物抗逆能力，促进作物健壮发育，因而具有显著的抗旱增产和改善品质的效果。据山东省水利科学研究院在桓台县的试验资料，小麦采用FA拌种比不拌种提前一天出苗，出苗率也明显高于对照，冬小麦平均增产10%左右。在小麦的孕穗期和灌浆期两次喷施FA，在同等灌水条件下，穗粒数平均增多1.17粒，千粒重增加2.43g，水分生产率均达1.5kg/m^{3}以上，比对照提高6%～8%。据胶东地区1999～2000年资料，在无灌溉条件的麦田进行叶面喷施，小麦增产幅度可达12%～22%。

（三）使用方法

1.拌种。拌种时，FA用量及浓度参照产品说明书进行操作。

2.喷施。小麦每公顷用FA 750g，加水900L。玉米每公顷用FA 1125g，加水900L。喷施宜在作物对水分敏感期进行，小麦在孕穗和灌浆初期，玉米在大喇叭口期，喷施2～3次效果好，每次间隔10天左右。应喷施在植物功能叶及上部叶片上，选择在无风晴天上午10点以前或下午4点以后进行，24小时内遇雨要重喷。

第七节　国外农田节水技术简介

进入21世纪，随着世界人口的不断增加、生产的不断发展和社会的进步，全球水资源日趋紧张。目前占世界人口40%的80个国家淡水供应短缺已成为限制其经济社会发展的重要因素。据统计，全世界 $1.4\times10^9 hm^2$ 耕地中，主要依靠自然降水从事农业生产的旱地占70%以上。而灌溉面积增长速度缓慢，自1985年以来，年增长率不到1%。为此，世界各国都在积极探索解决水资源短缺的有效途径，节水农业的研究和发展已成为农业领域里一场新的技术革命。从国外节水农业发展的过程看，对水资源的利用和保护经历了认识与发展以及不断完善的过程，并且在保护生态环境、自然资源的持续利用方面给予了充分的重视。通过大力推进适应性种植、雨水集蓄、节水工程及灌溉、农艺与高效管理等措施，实现农业生产、资源持续利用和环境保护多重目标。下面对国外应用的主要节水农业技术进行简要介绍。

一、田间工程节水技术

(一)雨水集蓄技术

利用田间地面、路面、屋顶、温室膜面等，因地制宜地修建各类集水设施，收集雨水和地面径流，以供直接利用或注入当地水库或地下含水层。以色列从北部戈兰高地到南部内盖夫沙漠，全国分布着百万个集水设施，每年收集 $(1\sim2)\times10^8 m^3$ 水。美国则制定雨水收集系统的标准或规划指南以及系统的优化设计，其雨水收集设施主要有钢制容器、外表涂有橡胶或包有塑料的纤维可折叠容器、纤维玻璃小槽、聚乙烯容器等，集雨面用柔性膜、沥青或其他不透水材料进行处理。

(二)渠道防渗技术

灌溉渠道衬砌是减少田间输水损失、提高灌溉水利用率的重要措施。各国用于衬砌的材料包括刚性材料、土料和膜料三大类。刚性材料(尤其是砼衬砌)曾经占主导地位，随着化学工业的发展和机械化施工技术的进步，以聚乙烯和聚氯乙烯薄膜为主的膜料衬砌的比重日益增大。膜料衬砌具有防渗效果好、耐久性强、造价低及便于施工等优点。在美国用作水工建筑材料的高分子聚合物种类日渐增多，应用范围也逐渐扩大。美国从开挖渠床、铺设塑料薄膜直到填土或浇筑砼保护层都由机械完成。俄罗斯和乌克兰也在中小型渠道采用了整体浇筑砼和砼预制板衬砌下加铺0.2mm厚防渗膜料的方法。印度旁遮普邦在预制硅砖下加铺廉价聚乙烯薄膜，渠道运行15年，状况良好，取得了显著的工程效益。

(三)低压管道输水技术

低压管道输水不仅可以减少输配水损失，还具有节地、适应地形强、防冻胀等优点，且有利于管理，在国际上已成为田间输水技术的主要方向。美国低压管道输水灌溉面积已占总灌溉面积的50%以上，加州圣华金河谷灌区支渠以下全部管道化，渠系水利用系数达到0.97。日本、以色列、东欧各国以及加拿大、澳大利亚等国发展也很快。国外低压管道灌溉技术已趋成熟，包括地面和地埋两种类型。地面管材主要有柔性聚乙烯软管、薄壁镀锌管、铝合金管、尼龙涂橡胶管，地埋管材包括低压砼土管、涂塑薄壁钢管、轻型半硬质塑料管。今后的主要研究方向是开发性能更优、价格更低的新型管材和各种先进量水、放水设备，以适宜多目标利用和自动化管理需要。

二、灌溉节水技术

（一）喷微灌技术

采用高效节水的灌溉技术是提高农业水利用率的一个重要途径，喷微灌技术是世界灌溉节水技术发展的主流。欧洲国家82%的灌溉面积利用先进的喷微灌技术，仅有14%的灌溉面积利用地面重力灌溉。喷微灌技术在以色列、美国、俄罗斯和欧洲一些国家发展比较快，以色列、德国、奥地利三国的喷微灌溉面积占本国灌溉面积的100%。

微灌与喷灌相比，节水、节能，增产效果更显著，故其发展势头强劲。如以色列水资源极度贫乏，十分重视选用最节水的灌溉技术，滴灌比例已达70%。美国、以色列正在发展地下滴灌技术，取得了较地面滴灌更好的效果，并且有利于使用污水灌溉。而以重力（低水头）滴灌为代表的家庭小型微灌系统则特别适合在发展中国家推广。

喷微灌技术发展趋势是：低压节能型；与施肥、喷药等结合；适合不同地形、作物和环境的系统设备；改进设备、提高性能；产品日趋标准化、系列化、通用化；运行管理自动化。

（二）激光平地灌溉技术

利用激光平地技术进行土地平整，整个地块的高差控制在2～3cm内。激光平地后，比常规畦灌节水20%以上。美国、加拿大等大力推广激光平地技术，改进地面灌溉系统，极大地提高了田间用水效率。

（三）改进地面灌溉技术

在发展喷微灌技术同时，各国非常重视对常规灌水方法的改进与发展，并研制波涌灌溉（美国）、地面浸润灌溉（日本）、负压差灌溉 、土壤网灌溉 、小型干燥器或雾水收集器集水灌溉（南美）、皿灌（印度、巴西）、水平池灌溉（美国）等新技术新方法。

三、农艺节水技术

(一)灌溉施肥技术

灌溉施肥技术因节水节肥、增产增效、生态环保效益显著,在发达国家得到广泛应用。以色列 1964 年就建成了用于灌溉施肥的全国输水系统(National Water Carrier),目前灌溉施肥技术应用面积占 90%以上,普遍推行了测墒灌溉自动控制灌溉施肥系统;美国是目前世界上微灌面积最大的国家,在灌溉农业中,60%的马铃薯、25%的玉米、33%的果树均采用灌溉施肥技术,开发应用了新型的水溶肥料、农药注入控制装置,用于灌溉施肥的专用肥料占肥料总量的 38%。此外,灌溉施肥技术发展较快的还有西班牙、意大利、法国、印度、日本、南非等国家。据第六次国际微灌大会资料,从 1981～2000 年的 19 年间,世界微灌面积增加了 633%,平均每年增加 33%,达到 $3.73\times10^6 hm^2$,大部分采用灌溉施肥技术。进入新世纪,灌溉施肥技术发展更加迅速,应用面积进一步扩大。据估计,全球推广面积超过 $6.7\times10^6 hm^2$。

(二)测墒灌溉技术

在美国、以色列、法国、西班牙、澳大利亚等国家,测墒灌溉得到了广泛应用。不论采用什么灌溉方法,如果不根据土壤墒情状况和作物需水规律进行灌溉决策,就可能造成水的浪费。在美国,通过各种土壤墒情自动监测仪等适时监测土壤墒情,来决定每次灌溉适宜时间和灌溉水量。美国在各地建设了土壤墒情监测站,形成了土壤墒情监测网络,并能进行墒情测报,电台通常会根据情况提醒人们应采取什么灌溉办法及灌溉多少水量。这些监测站由政府资助,鼓励人们节约用水和有效用水。

(三)节水灌溉制度

节水灌溉制度不仅关系到作物单位耗水产出,而且还能控制作物最大可能耗水量,是节水农业的一项重要内容。20 世纪 70 年代以来,各国在这方面开展了大量研究。以色列试验结果显示,最佳灌溉处理是利用最少的水获得接近于最高产量的产量,即相当于最高产量 85%～95%的产量。

(四)覆盖保墒技术

覆盖保墒包括生物覆盖和地膜覆盖,具有抑制土壤蒸发、蓄存降水、保持土壤水分、提高地温的功能,还能够节省灌水、提高产量,是一项操作简单、成本低廉、安全有效的抗旱增产措施。美国平原地带广泛实行作物秸秆覆盖,麦秸、高粱和轧棉碎屑覆盖,土壤蓄水明显增加。最早使用地膜的日本根据不同的作物和栽培方式采用很多不同品种的地膜,包括透明、黑色、银黑、镀铝等多种颜色、材质以及带孔和条状网眼地膜。为解决污染问题，近年来还开发了多种可降解地膜。随着光降解地膜覆盖材料、多功能覆盖机以及薄型高强度地膜的出现，地膜覆盖技术在西欧大面积用于大田蔬菜、棉花和玉米等作物。

（五）改良耕作方法

合理的土壤耕作具有调节土壤物理性状、蓄水保墒、增加营养元素供给的效果。因此，各国在探究发展节水农业途径时，都非常重视耕作方法的改进与发展。发达国家由于机械化作业和化肥施用造成土壤结构破坏，引发失墒、水蚀、风蚀，为此大力推行了保护性耕作。基本趋向是由多耕转为少耕免耕，由浅耕转为深耕，由耕翻转为深松，由单一作物连作转为粮草轮作或适度休闲，重视水土保持，纳雨蓄墒，以肥调水。在美国，随着高效除草剂和免耕播种机的出现，现代免耕技术已被广泛用于小麦、大麦、棉花、烟草、高粱、大豆、甜菜和饲料作物。目前，全美国已基本取消了传统的铧犁翻耕，免耕种植已经得到大面积推广。

四、生物与化学节水技术

（一）选育耐旱作物与节水品种

耐旱作物一般在生长关键期能避开干旱季节，或抗逆性强，或能和当地雨季相吻合，在雨季快速生长，以充分利用有限的降水。印度和美国十分重视高粱品种的选育研究。目前，全印度推广应用的节水高效高粱杂交品种已达 45 个，覆盖面已达 38%。这些品种不仅产量高，而且品质优良，有些高粱的口感可以和我国的粳米相媲美。美国旱区高粱广泛用于畜牧业必需的青储料、青刈干草、残茬放牧，更是残茬覆盖保护耕作法的关键环节。高粱水分利用效率高，生产性能稳定，已成为高粱—肉牛旱地农牧制度的基础。美国注重强化高粱耐旱性能的工作，得克萨斯州农业试验站近年来用渐渗杂交法将高大、晚熟、不适应温带的热带高粱种质转变成矮秆、早熟、有栽培价值、适应温带的类型，扩大了种植利用范围。亚利桑那州的 Tucson 试验站，正大力筛选耐盐、省水植物，以丰富现今栽培的作物种群。

（二）基因节水

基因节水就是通过植物水分利用效率基因定位、分子标记、基因克隆、功能基因组研究等生物新技术，结合常规育种，培育出抗旱、高产、高水分利用效率品种。2000 年，美国科学家 Elumalai 将来自大麦的 HVA1 基因转入小麦，使这种转基因小麦后代的 WUE 得到了改良提高。2005 年，澳大利亚的

Masle 等人在《自然》杂志上发表论文，将控制蒸腾效率的 QTL 定位在第 2 染色体上的 ERECTA 标记上，然后他们从拟南芥中克隆出了这个 ERECTA 基因，它是 1 个富亮氨酸重复片段的受体激酶基因，可以改变叶片气孔数目和叶片结构，已被证实能调控植株蒸腾效率，可改良作物抗旱性及提高水分利用效率。

（三）化学覆盖

化学覆盖是以多分子膜阻碍土壤水气散发，水气在膜下聚集凝结使耕层土壤水分含量升高。国外使用农田化学覆盖的有美国、日本、法国、印度、罗马尼亚、比利时等十多个国家，增产效果达到 10%～30%。农田化学覆盖材料包括石蜡、沥青乳剂、树脂、橡胶、塑料等，使用方式包括成膜、泡沫和粉末覆盖。

（四）保水剂

美国农业部北部研究中心于 20 世纪 70 年代合成了吸水性很强的保水剂，包括淀粉系、纤维素系和合成聚合体 3 个系，在用于抗旱保苗、植树造林、种子涂层和树苗移栽等方面取得了良好效果。日本、英国、法国等国都研制、使用了自己的保水剂产品。研究较多的是以乙烯醇、丙烯酸盐类和交联聚丙烯酸盐组成的聚合体。今后的主要研究方向是延长其使用寿命，以提高利用效益，确保经济性。保水剂及其分解后的成分对土壤和作物有无不利影响还需要进一步研究。

（五）抗蒸腾剂

据研究人员测定，作物根系吸收的水量只有 1%成为作物细胞的组成部分，其余的 99%都通过作物蒸腾进入大气。这些水中有一部分是作物维系生命所必需的，另一部分则属于无效散失。据美国研究资料，使用抗蒸腾剂可减少土壤水分损耗 40%左右。抗蒸腾剂主要作用类型有代谢型、薄膜型和反射型。

五、管理节水技术

（一）确立农业水权

在澳大利亚，一个流域的水资源权属是属于该流域的所有农民，农民土地的大小决定了水权的比例。澳大利亚政府专门设立了水银行（Water Bank），农民水权都在水银行“储蓄”，灌溉用水相当于“取现”，如有多余的水可以通过水市场（Water Market）出售。无论是水权还是水市场，最根本的基础就是根据土地大小确立农民的水权。现在澳大利亚城市建设、工业发展、生态恢复等需要增加大量用水，澳大利亚联邦政府和州政府采取的做法：一是花钱从农民手中购买水资源使用权；二是投入巨额资金发展节水农业，资助农民采用节水农业技术和设备，提高农业用水效率，在保证农业生产用水的前提下，有更多的水支援经济发展。澳洲政府制定了10年规划，总计投入110亿澳元用于改善农田用水基础设施，资助农民购买和使用现代节水灌溉设备。

（二）节水信息管理

随着淡水资源供需矛盾日益突出，近些年来不少国家已注意研究农业经济用水和用水管理现代化问题。灌溉用水管理实质上是灌溉用水信息管理，合理的灌溉及其相应的措施取决于可靠的用水信息。美、日等发达国家的用水信息管理比较先进，如美国加利福尼亚州在土壤墒情监测的基础上，建设了灌溉管理信息系统（CIMIS），包括由设在重点农业区的70多个监测站组成的网络，每个站的观测数据自动传输到数据计算中心，包括降雨、土壤水分、空气温度、风向风速、相对湿度等墒情数据，经分析校准后存入CIMIS数据库，根据作物生育阶段进行灌溉决策和建议，通过网站提供给农户，包括灌溉方法、灌溉时间和灌水量等。

（三）自动化管理

随着科学技术的迅速发展，发达国家普遍采用计算机、电测、遥感等新技术进行农业用水管理。在美国，大型灌区都设有调度中心，实行自动化管理。日本于20世纪80年代初新建或改建的灌区，大多从渠首到各分水点都安装有遥测、遥控装置。罗马尼亚大多数灌区在20世纪80年代初便实现了自动化或半自动化管理。以色列不论大小灌区，全部采用自动化控制。

第三章　微灌施肥节水节肥技术

微灌施肥在我国又称为“水肥一体化”，是借助微灌系统，将微灌和施肥结合，以微灌系统中的水为载体，在灌溉的同时进行施肥，实现水和肥一体化利用和管理，使水和肥料在土壤中以优化的组合状态供应给作物吸收利用。微灌施肥是将微灌施肥设备与施肥技术结合在一起的一项新农业技术，其设备是实现节水节肥的基础，微灌施肥制度是发挥设备最大效益的关键，也是微灌施肥技术的核心内容。

第一节　微灌施肥技术简介

我国从 1974 年开始引进微灌施肥技术，至今已在全国各地得到了广泛应用，新疆、内蒙古、山东、广东、广西面积较大，应用的作物主要有设施蔬菜、果树、马铃薯、棉花等。已经建立起门类较为齐全的微灌设备生产企业，微灌设备得到普遍的认可。

山东省自 1997 年开始水肥一体化技术试验研究，先后在近 20 个县市区开展水肥一体化技术示范推广工作，已初步建立了适合山东省各地实际的微灌施肥技术模式，水肥一体化技术已被广大干部群众所了解和认同，并且有快速发展的趋势。据 2009 年水利统计资料，山东省微灌面积为 $4.63\times10^4hm^2$。但由于设备一次性投入比较高，主要在设施蔬菜、果树、花卉等经济作物上应用。

一、微灌施肥技术模式

经过多年的探索，目前山东省设施蔬菜和果园主要推广了五种微灌施肥技术模式，基本满足了不同作物、水源类型、出水量、管理方式的需求。

1.设施蔬菜单井单棚滴灌施肥模式。首部安装文丘里或压差式施肥罐，筛网或小型叠片过滤器。适合胶东、鲁南河谷平原区，地下水埋深在 20m 以内，出水量较少，水泵功率一般在 0.75～1.5kW，适合农户分散经营的设施蔬菜种植区。

2.设施蔬菜重力滴灌施肥模式。棚内建水池或安装蓄水桶，通过重力（或加压）实行二次供水，适合农户分散经营、直接供水存在困难的设施蔬菜种植区。

3.设施蔬菜恒压变频滴灌施肥模式。首部安装恒压变频设备、叠片过滤器，分棚施肥。适合大棚集中、深井供水区，适合水组织管理健全的设施蔬菜种植区。

4.果园轮灌微灌施肥模式。首部安装注肥泵、过滤器。适合规模种植大户或园艺场。

5.果园微灌施肥模式。首部安装文丘里或压差式施肥罐，筛网或小型叠片过滤器。适合农户分散经营、面积较少的果园。

二、微灌施肥技术特点及效果

微灌条件下的土壤水、肥运行规律与大水漫灌条件下有很大不同，这些不同带来了灌溉和施肥理论及方法的革命性变化，因而成为一种全新的灌溉施肥技术。

（一）微灌施肥技术特点

1.局部灌溉。微灌灌水集中在作物根系周围，土壤的湿润比依据作物种植特点和微灌方式确定，一般在 30%～90%，也就是说，在微灌条件下，一部分土壤没有得到灌溉水。在地下部分，因作物根系分布深度不同，水的湿润深度在 30～100cm，减少了深层渗漏和侧面径流。局部灌溉可造成局部土壤 pH 的变化和土壤养分的迁移，并在湿润区的边峰富集。

2.高频率灌溉。由于每次进入土壤中的水量比较少，土壤中储存的水量小，需要不断补充水分来满足作物生长耗水的需要。在高频率灌溉情况下，土壤水势相对平稳，灌溉水流速保持在较低状态，可以使作物根系周围湿润土壤中的水分与气体维持在适宜的范围内，作物根系活力增强，有利于作物的生长。

3.施肥量减少。作物根系主要吸收溶解在土壤水中的养分，微灌条件下，肥料主要施在作物根系周围的土壤中。微灌施肥每次施肥量都是根据作物生长发育的需要确定，与大水漫灌冲肥相比既减少了施肥量，又有利于作物吸收利用，大水漫灌造成的肥料流失现象基本不存在。

4.施肥次数增加。微灌使土壤水的移动范围缩小，在微灌水湿润范围之外的土壤养分难以被作物吸收利用。要保证作物根系周围适宜的养分浓度，就要不断地补充养分。在微灌施肥管理中，要考虑作物不同生育期对养分需求的不同及各养分之间的关系，因此，微灌施肥技术使施肥更加精确。

（二）微灌施肥技术效果

实践证明，微灌施肥技术具有节水、节肥、节药、省工、增产和改善品质等优点。据山东省近十年示范效果表明，采用微灌施肥技术与常规施肥灌水相比存在诸多优势。

1. 节水效果。平均每 667m^2 节水 49m^3，节约用水 30%～40%。

2. 节肥效果。平均每 667m^2 节肥（折纯）31.5kg，节约用肥 30%～50%。氮肥利用率平均提高 18.4 个百分点，磷肥提高 8 个百分点，钾肥提高 21.5 个百分点。

3. 节药效果。由于降低了棚内空气湿度、提高了温度，病虫害传播和发生程度减轻，打药次数减少 1/4～1/3。

4. 省工效果。可明显减少灌水、施肥、打药、整地等劳动用工，减少劳动用工 15～20 个/667m^2。

5. 增产增收效果。平均增产 10%～25%，平均增加果品 440kg/667m^2、蔬菜 860kg/667m^2。扣除设备分摊费用，蔬菜平均增收 800 元/667m^2，果树增收 640 元/667m^2。

6. 改善品质效果。由于土壤的水肥供应条件稳定，农产品品质和商品性明显改善。据乳山市测定，苹果单果重平均增加 33g，增重 12.3%，硬度增加 1.3kg/cm^2，提高了 13.1%，苹果 70%以上着色面增加了 13.3%。据招远市测定，滴灌施肥黄瓜的维生素 C 含量明显较高，比沟灌冲肥增加8mg/kg，提高了 6%。

第二节 微灌施肥设备*

常用的微灌施肥设备按灌水器的出水形式可以分为滴灌、微喷灌和涌泉灌（小管出流）三种类型。典型的微灌系统通常由水源工程、首部枢纽、输配水管网和灌水器四部分组成（见图 3-1）。一般设备的排列顺序：水泵（包括电机）、逆止阀、施肥（药）装置、压力表、过滤设备、压力表、阀门、流量表、进排气阀、干管、压力调节器（电磁阀）、支管、毛管、灌水器。根据微灌施肥首部控制

* 本节引用“全国农业技术推广服务中心灌溉施肥培训教材”李光永资料

规模和水质，设备的配置方式会有所不同。

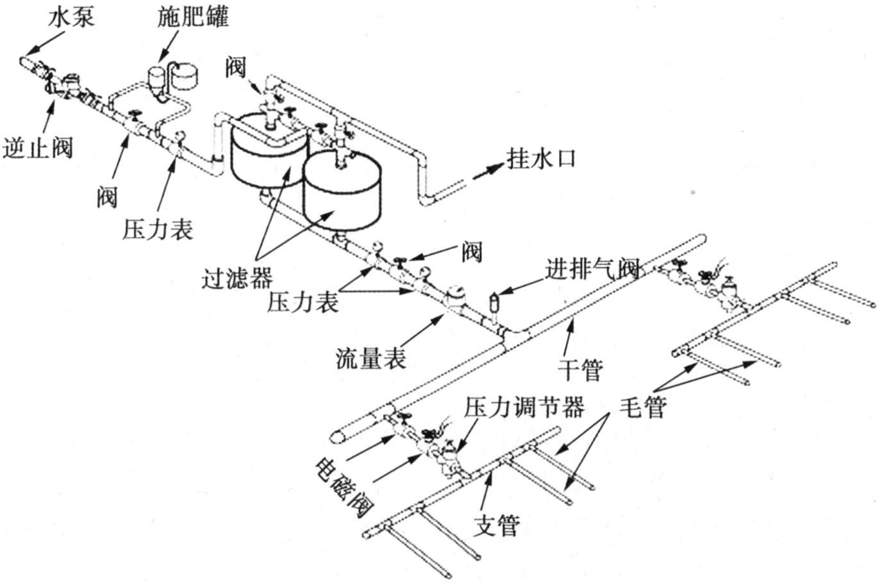

图 3-1 微灌系统组成示意图

一、首部枢纽

首部枢纽的作用是从水源取水、增压并将其处理成符合微灌施肥要求的水流送到系统中去，包括加压设备（水泵、动力机）、过滤设备、施肥（药）设备、控制及测量设备等。

（一）加压设备

加压设备的作用是满足微灌施肥系统对管网水流的工作压力和流量要求。加压设备包括水泵及向水泵提供能量的动力机。微灌施肥系统常用的水泵有离心泵、潜水泵等，动力机可以是柴油机、电动机等。在井灌区，如果是大功率水泵供水，农户各自使用微灌施肥设备，要使用变频器。在有足够自然水头的地方，可以不安装加压设备，利用重力进行灌溉。

（二）过滤设备

1.旋流水砂分离器。旋流水砂分离器又称“离心式过滤器”或“涡流式水砂分离器”。常见的结构形式有圆柱形和圆锥形两种。旋流水砂分离器能连续过滤高含砂量的灌溉水，其缺点是不能除去与水比重相近或比水轻的有机质等杂物，特别是水泵启动和停机时过滤效果下降，会有较多的砂粒进入系统，另外，水头损失也较大。因此，同沉淀池一样，水砂分离器只能作为初级过滤器，然后使用筛网过滤器进行第二次处理，这样可减轻网式过滤器的负担，增长冲洗周期。

2.砂过滤器。砂过滤器又称“砂介质过滤器”。它是利用砂石作为过滤介质。砂过滤器主要由进水口、出水口、过滤罐体、砂床和排污孔等部分组成。水源含杂质多的情况下，为保证持续供水，可以多个过滤器联合使用。砂过滤器带有反冲洗功能，可根据需要定期清洗滞留在砂石间的污物。单个砂过滤器反冲洗时，首先打开冲洗阀和排污阀，并关闭进水阀，水流经冲洗管由集水管进入过滤罐。双过滤器反冲洗时先关闭其中一个过滤罐上的三向阀门，同时也就是打开了该罐的反冲洗管进口，由另一过滤罐来的干净水通过集水管进入待冲洗罐内。水流反向流过砂床时，使砂床膨胀向上，砂粒之间间距增大，被截流在孔隙之间的各种污物被水冲动，并带出砂床，经反冲洗管排出。每次冲洗时要冲到排出口的污水变清为止。砂石过滤器过滤可靠、清洁度高，但价格高、体积大、重量重。

3.筛网过滤器。筛网过滤器是一种简单而有效的过滤设备。筛网过滤器一般由筛网、壳体、顶盖等主要部分组成。它的过滤介质是尼龙筛网或不锈钢筛网。这种过滤器的造价较为便宜，在国内外微灌系统中使用最为广泛，其缺点是当灌溉水中石英砂较多时易破损。筛网过滤器的种类繁多，如果按安装方式分类，有立式与卧式两种；按制造材料分类，有塑料和金属两种；按清洗方式分类，又有人工清洗和自动清洗两种类型；按封闭与否分类，则有封闭节和开敞式（又称“自流式”）两种。

筛网的孔径大小即网目数的多少要根据所用灌水器的类型及流道断面大小而定。由于灌水器的堵塞与否，除其本身的原因外，主要与灌溉水中的污物颗粒形状及粒径大小有直接关系。因此，微灌用灌溉水中所能允许的污物颗粒大小就比灌水器的孔口或流道断面小许多，才有利于防止灌水器堵塞。根据实践经验，一般要求所选用的过滤器的滤网的孔径大小应为所使用的灌水器孔径大小的1/10～1/7。

4.叠片式过滤器。叠片式过滤器是用数量众多的带沟槽薄塑料圆片作为过滤介质，由滤壳和滤芯组成。工作时水流通过叠片，泥沙被拦截在叠片沟槽中，清水通过叠片的沟槽进入下游。其突出优点是结构简单、维护方便、寿命长。

（三）施肥（药）设备

微灌施肥系统中用于向输水管道注入可溶性肥料或农药溶液的设备称为“施肥（药）设备”。施肥（药）设备应安装在过滤设备之前。

1.压差式施肥罐。压差式施肥罐一般由储液罐、进水管、供肥液管、调压阀等组成，并联安装在输水管道上。其工作原理是在输水管上的两点形成压力差，并利用这个压力差将肥料、药剂注入系统管道。施肥罐为承压容器，运行时承受与管道相同的压力，一般用抗压能力强的塑料或金属材料制造。压差式施肥罐的优点是加工制造简单，造价较低，不需外加动力设备。缺点是肥料溶液浓度变化大，同时，罐体容积有限，需要频繁添加化肥或药剂。

2. 开敞式肥料罐（池）。开敞式肥料罐（池）通常用在单棚独立灌溉系统或自压灌水系统中。开敞式肥料罐（池）可以是任意的塑料桶（罐）或池等，只需把这个肥料罐（池）放在自压水源（如蓄水池）下方的适当位置，将肥料供水管通过控制阀门与水源连接，将肥料输送管、阀门与灌溉系统的主管道连接，就建成了一个供肥系统。

3. 文丘里注入器。文丘里注入器与储肥罐配套组成施肥装置。其工作原理是利用文丘里管或射流器产生的局部负压，将肥料罐中的肥料溶液或药液吸入到输水管中。文丘里注入器的优点是装置简单，成本低廉，使用简便。缺点是若直接与主管连接时，将会造成较大的压力损失。文丘里注入器主要应用于小型微灌（如滴灌、微喷灌）系统的施肥。

4. 注入泵。灌溉系统中常采用活塞泵或隔膜泵向灌溉管道注入肥料溶液或农药。根据驱动泵的动力源，又可分为水力驱动和机械驱动两种形式。使用注入泵装置的优点是能均匀向灌溉水源提供肥料，从而保证灌溉水中的肥液浓度的稳定，施肥质量好，效率高。缺点是需要另外增加动力设备和注入泵，造价较高，同时，在施肥过程中无法调节肥液的流量。

二、输配水管网

微灌输配水管网由各种管道和连接件组成，其作用是将首部枢纽处理过的水按照要求输送分配到每个灌水单元和灌水器，输配水管网包括干管、支管和毛管三级管道。毛管是微灌系统的最末一级管道，其上安装或连接灌水器。管道与连接件在微灌工程中用量大、规格多、所占投资比重大，因而所用的管道与连接件型号规格和质量的好坏，不仅直接关系到微灌工程费用大小，而且也关系到微灌能否正常运行和寿命的长短。

（一）微灌管道的种类

微灌工程应采用塑料管，对于大型微灌工程的骨干输水管道（如上山干管、下山干管、输水总干管等），当塑料管不能满足设计要求时，也可采用其他材质的管道，但要防止锈蚀堵塞灌水器。微灌系统常用的塑料管主要有两种：聚乙烯管和聚氯乙烯管，直径 63mm 以下的管采用聚乙烯管，直径 63mm

以上的管采用聚氯乙烯管。塑料管具有抗腐蚀、柔韧性较好、能适应较小的局部沉陷、内壁光滑、输水摩阻粗糙率小、比重小、重量轻和运输安装方便等优点，是理想的微灌用管。塑料管的主要缺点是受阳光照射时易老化。塑料管埋入地下时，塑料管的老化问题将会得到较大程度的克服，使用寿命可达20年以上。

1. 聚乙烯管(PE管)。聚乙烯管分为高压低密度聚乙烯管和低压高密度聚乙烯管两种。低压高密度聚乙烯管为硬管，管壁较薄。高压低密度聚乙烯管是由高压低密度聚乙烯树脂加稳定剂、润滑剂和一定比例的炭黑等制成的，高压低密度聚乙烯管为半软管，管壁较厚，对地形的适应性比低压高密度聚乙烯管要强。它具有很高的抗冲击能力，重量轻，韧性好，耐低温性能强，抗老化性能比聚氯乙烯管好，但不耐磨，耐高温性能差，抗张强度低。为了防止光线透过管壁进入管内，引起藻类等微生物在管道内繁殖，以及为了吸收紫外线，减缓老化的进程，增强抗老化性能，要求聚乙烯管为黑色。外管光滑平整、无气泡、无裂口、无沟纹、无凹陷和无杂质等。

2. 聚氯乙烯管(PVC管)。聚氯乙烯管是以聚氯乙烯树脂为主要原料，与稳定剂、润滑剂等配合后经挤压成型的。它具有良好的抗冲击和承压能力，刚性好，但耐高温性能差，在50℃以上时即会发生软化变形。聚氯乙烯管属硬质管，韧性强，对地形的适应性不如半软性高压低密度聚乙烯管道。微灌中常用的聚氯乙烯管一般为灰色。为保证质量，管道内外壁均应光滑平整、无气泡、无裂口、无波纹及无凹陷，对直径为40～200mm的管道的挠曲度不得超过1%，管道同一截面的壁厚偏差不得超过14%，聚氯乙烯管按使用压力分为轻型和重型两类。微灌系统中多数使用轻型管，即在常温下承受的内水压力不超过600kPa。每节管的长度一般为4～6m。

(二)微灌管道连接件的种类

连接件是连接管道的部件，也称“管件”。管道种类及连接方式不同，连接件也不同，微灌工程中大多用聚乙烯管，连接件也主要是聚乙烯管。目前，国内微灌用聚乙烯塑料管的连接方式和连接件有两大类：一是外接式管件，二是内接式管件。两者的规格尺寸相异，用户在选用时，一定要了解所连接管道的规格尺寸，选用与管道相匹配的管件。连接件主要包括接头、三通、弯头、堵头、旁通、插杆、密封紧固件等。

三、控制、量测与保护装置

为了控制微灌系统或确保系统正常运行，系统中必须安装必要的控制、测量与保护装置，如阀门、流量和压力调节器、流量表或水表、压力表、安全阀、进排气阀等，其中大部分属于供水管网的通用部件。

四、灌水器

灌水器的作用是把末级管道（毛管）的压力水流均匀而又稳定地灌到作物根区附近的土壤中，灌水器质量的好坏直接影响到微灌系统的寿命及灌水质量的高低。灌水器种类繁多，各有特点，适用条件也各有差异。按结构和出流形式可将灌水器分为滴头、滴灌带、微喷头、小管灌水器等四类。

（一）滴头

通过流道或孔口将毛管中的压力水流变成滴状或细流状的装置称为“滴头”。其流量一般不大于 12L/h。按滴头的结构可把它分为三种。

1. 长流道型滴头。长流道型滴头是靠水流与流道壁之间的摩阻消能来调节出水量的大小。

2. 孔口型滴头。孔口型滴头是靠孔口出流造成的局部水头损失来消能调节出量的大小。

3. 压力补偿型滴头。压力补偿型滴头是利用水流压力使滴头内的弹性体（片）形状改变或过水断面面积发生变化，即当压力减小时，增大过水断面积，压力增大时，减小过水断面积，从而使滴头出流量自动保持稳定，同时还具有自清洗功能。

（二）滴灌带

滴头与毛管制造成一整体，兼具配水和滴水功能的滴灌管称为“滴灌带”。按滴灌带的结构可分为两种。

1. 内镶式滴灌带。内嵌式滴灌带是在毛管制造过程中，将预先制造好的滴头镶嵌在毛管内的滴灌带。内镶滴头有两种：一种是片式，另一种是管式。

2. 薄壁滴灌带。目前，国内使用的薄壁滴灌带有两种，一种是在 0.5～1.0mm厚的薄壁软管上按一定间距打孔，灌溉水由孔口喷出湿润土壤。另一种是在薄壁管的一侧热合出各种形状的流道，灌溉水通过流道以滴流的形式湿润土壤。

滴灌带也有压力补偿式与非压力补偿式两种。

（三）微喷头

微喷头是将压力水流以细小水滴喷洒在土壤表面的灌水器。单个微喷头的喷水量一般不超过 250L/h，射程一般小于 7m。按照结构和工作原理，微喷头分为射流式、离心式、折射式和缝隙式四种。常见的主要有射流式微喷头和折射式微喷头。

1.射流式微喷头。水流从喷水嘴喷出后，集中成一束向上喷射到一个可以旋转的单向折射臂上，折射臂上的流道形状不仅可以使水流按一定喷射仰角喷出，而且还可以使喷射出的水舌反作用力对旋转轴形成一个力矩，从而使喷射出来的水舌随着折射臂做快速旋转，故又称为“旋转式微喷头”。旋转式微喷头一般由三个零件构成，即折射臂、支架、喷嘴。旋转式微喷头有效湿润半径较大，喷水强度较低，水滴细小，由于运动部件加工精度要求较高，并且旋转部件容易磨损，因此使用寿命较短。

2.折射式微喷头。折射式微喷头的主要部件有喷嘴、折射锥和支架。水流由喷嘴垂直向上喷出，遇到折射锥即被击散成薄水膜沿四周射出，在空气阻力作用下形成细微水滴散落在四周地面上。折射式微喷头又称为“雾化微喷头”。折射式微喷头的优点是结构简单，没有运动部件，工作可靠，价格便宜。缺点是由于水滴太微细，在空气十分干燥、温度高、风大的地区，蒸发漂移损失大。

(四)小管灌水器

小管灌水器由直径3mm、直径4mm、直径6mm的PE塑料小管和接头连接插入毛管壁而成。这种灌水器的孔口大，流道断面大，抗堵塞性能好。小管的长度可以根据毛管和作物的距离及小管进口压力的大小适当调节，一般为1～2m。小管灌水器对水质的适应范围宽，过滤器及灌水器的局部水头损失小，因此，运行过程中所需的工作压力较低。小管灌水器有压力补偿型和非压力补偿型两种类型。

第三节　微灌施肥制度

微灌施肥的核心技术就是微灌施肥制度。微灌施肥制度包括灌溉制度和施肥制度两方面内容，灌溉制度包括确定作物全生育期的灌溉定额、灌水次数、灌水的间隔时间、一次灌水时间和灌水定额等。施肥制度包括作物全生育期的总施肥量、每次施肥量及养分配比、施肥时期、肥料品种等。微灌施肥制度就是针对微灌设备应用和作物目标产量的需求，将灌溉制度与施肥制度拟合形成的制度。我国微灌施肥制度的研究起步较晚，只有少数的蔬菜、果树形成了比较成熟的微灌施肥制度。从技术理论上讲，微灌改变了水在土壤中的运行规律，也改变了养分在土壤中的运行规律，加之我国作物类型、气候特点和土壤条件复杂多样，农民种植管理水平和作物产量水平差异很大，给微灌施肥制度的制定带来了诸多不确定的因素。微灌施肥制度涉及水利、农学、土壤、肥料等多学科，特别是要紧密地与作物生长需水需肥特点结合，所以制定起来有一定难度。通过多年实践，目前初步探索形成了微灌施肥制度拟定方法。

一、施肥制度拟定方法

影响施肥制度的因素主要包括土壤养分含量、作物的需肥特性、作物目标产量、肥料利用率、施肥方式等。拟定施肥制度主要是采用目标产量法，即根据获得目标产量需要消耗的养分和各生育阶段养分吸收量来确定养分供应量。由于影响施肥制度的因素本身就很复杂，特别是肥料利用率很难获得准确的数据，因此，应尽可能地收集多年多点微灌施肥条件下肥料利用率数据，以提高施肥制度拟定的科学性和精确度。拟定施肥制度主要有六个步骤。

（一）确定作物目标产量

确定作物目标产量一般有两种途径：一是参考作物品种审定时提供的品种特性和产量潜力，在此基础上，按大田生产所能达到的水平确定一个产量目标；二是参考当地多年种植该品种常年获得的实际产量。在此基础上，还需要考虑生产管理水平、轮作制度、种植密度、生长期等。在没有滴灌施肥实践的情况下，第一年确定目标产量的时候，可依上年或上季的产量作为参考，控制增产幅度在10%左右。

（二）计算养分吸收量

计算养分吸收量主要是计算实现目标产量所需要的大量元素氮（N）、磷（P_2O_5）、钾（K_2O）的施用量和比例。作物每1000kg产量所需的氮（N）、磷（P_2O_5）、钾（K_2O）用量及其比例可从相关资料或试验中获得。表3-1为各地资料汇总结果，可供参考。

对于中量元素和微量元素，一是由于作物需求量少，二是由于大部分中微量元素土壤中较丰富，一般不需要每季施用。当土壤中的中微量元素含量已经接近或低于临界值，并影响作物正常生产发育时，本着“因缺补缺”的原则，确定一个控制使用量，并主要通过基施方式施入。

（三）调整养分吸收量

调整养分吸收量主要依据土壤养分状况、有机肥料施用量、上季作物施肥量和产量水平及品种特性。在无任何参考依据时，也可以不进行养分吸收量（理论养分吸收量）的调整。

表 3-1　　部分作物单位产量的氮、磷、钾养分吸收量

作　物	养分吸收量（kg/1000kg 鲜重）			$N+P_2O_5+K_2O$	$N:P_2O_5:K_2O$
	N	P_2O_5	K_2O		
番茄	3.18	0.74	4.83	8.75	1∶0.23∶1.52
黄瓜	3	0.8	4.5	8.3	1∶0.27∶1.5
甜椒	4.91	1.19	6.02	12.12	1∶0.24∶1.23
茄子	3.65	0.85	5.75	10.25	1∶0.23∶1.58
西葫芦	5.47	2.22	4.09	11.78	1∶0.41∶0.75
菜豆	8.67	2.67	10.66	22.01	1∶0.31∶1.23
甘蓝	3.05	0.8	3.49	7.34	1∶0.26∶1.14
花椰菜	13.4	3.93	9.59	26.92	1∶0.29∶0.72
西瓜	2.9	1.05	3.3	7.25	1∶0.36∶1.14
生菜	2	0.36	3.6	5.96	1∶0.18∶1.8
草莓	4.33	1.67	5	11	1∶0.39∶1.15
苹果	3.04	0.8	3.2	7.04	1∶0.26∶1.05
梨	4.5	0.9	3.7	9.1	1∶0.2∶0.82
桃	4.8	2	7.6	14.4	1∶0.42∶1.58
葡萄	6	3	7.2	16.2	1∶0.5∶1.2
柑橘	1.85	0.27	2.61	4.73	1∶0.15∶1.41
香蕉	4.8～5.9	1～1.1	18～22	23.8～29	1∶0.2∶3.74
棉花（风干）	129	45	90	264	1∶0.35∶0.7
烟草（风干）	65	20	120	205	1∶0.31∶1.85
马铃薯	4.39	0.79	6.55	11.73	1∶0.18∶1.49
加工番茄	2～2.14	1	3～5	6～8.14	1∶0.48∶1.93

（四）计算应施入的养分量

养分的施吸比是某种养分施用量与被作物吸收量的比率。某种养分实际施用量的计算公式为：

某种养分实际施用量＝养分吸收量×养分施吸比

表 3-2 是山东省各地试验得出的养分施吸比的参考数据。

表 3-2　　山东省部分作物的养分施吸比

作　物	养分施吸比		
	N	P_2O_5	K_2O
日光温室蔬菜	1.54～1.82	2.86～3.33	1.25～1.43
成龄苹果树	2.63～3.62	5～6.25	2.75～3.78
葡萄	1.67～2	2～2.67	1.67～2.08

（五）分配作物各生育期养分施用量

同一种作物在不同生育期，对各种养分吸收量及养分比例需求不同。在进行养分施用量分配时，一是要确定在各生长时期各种养分的施用比例；二是要确定各生育期的各种养分施用量。如番茄保护地栽培普遍采用育苗移栽技术，幼苗定植后，生育期分为苗期、开花期、结果期和采收期。根据大量试验和实践经验，番茄苗期的养分施用总量为 6%，氮（N）、磷（P_2O_5）、钾（K_2O）施用比例分别为 2：0.5：1.5，据此分配氮、磷、钾肥施用量。依据作物每一生育期的需肥特点，考虑作物对各种养分的敏感时期和最大效率时期等因素施肥，就可以实现作物需肥与施肥紧密结合。

（六）拟定施肥制度

根据作物目标产量，可以计算得出作物养分吸收量（理论值），然后根据土壤测试值、有机肥料使用量、上季作物施肥与产量表现、养分施吸比等进行养分吸收量的调整。在确定了作物不同生育期的养分比例和使用量之后，就可以拟定作物的施肥制度，以标准化的形式明确养分总量、养分比例、施肥时期和施肥方式等。依据施肥制度，就可以编制施肥方案。施肥方案就是根据当地的肥料品种、肥料养分含量、有机肥料施用量等，把施肥制度按生产管理具体化。中量元素和微量元素肥料可以编制在施肥方案中。

二、灌溉制度拟定方法

影响灌溉制度的因素主要包括土壤质地、田间持水量、作物的需水特性、作物根系分布、土壤含水量、微灌设备的每小时出水量、降水情况、温度、设施条件和农业技术措施等。灌溉制度中各项参数也是设备选择和灌溉管理的依据。

（一）收集资料

首先要收集当地气象资料，包括常年降水量、降水月分布、气温变化、有效积温等。其次要收集主要作物种植资料，包括播种期、需水特性，需水关键期及根系发育特点、种植密度、常年产量水平等。再次要收集土壤资料，包括土壤质地、田间持水量等。

（二）确定灌溉定额

灌溉的目的是补充降水量的不足，因此，从理论上讲，灌溉定额就是作物全生育期的需水量与降水量的差值。确定日光温室的灌溉定额时主要是考虑作物全生育期的需水量，因为受设施的阻隔，降水量不需考虑。在实际生产中，降水及灌溉不仅在数量上要满足作物生长发育的需求，还需要在时间上与作物需水关键期吻合，对露天作物要根据降雨时间及降水量，对灌水次数和每次灌水量进行调整。

（三）确定灌水定额

灌水定额是指一次灌水单位面积上的灌水量，通常以 $m^3/667m^2$ 或 mm 表示。由于作物的需水量大于降水量，每次灌水量都是在补充降水的不足。每次灌水量又因作物生长发育阶段的需水特性和土壤墒情状况的不同而不同，因此，每个作物生育阶段的灌水定额都需要计算确定。

灌水定额主要依据土壤的存储水能力，一般土壤存储水量的能力顺序为：黏土＞壤土＞砂土。以每次灌水达到田间持水量的 90％计算，黏土的灌水定额最大，依次是壤土、砂土。灌水定额计算时需要土壤湿润比、计划湿润深度、土壤容重、灌溉上限与灌溉下限的差值和灌溉水利用系数等参数。

灌水定额的计算公式为：

$$W=0.1p\times h\times \gamma\times(\theta_{max}-\theta_{min})/\eta$$

式中：W：灌水定额（mm）；

p：土壤湿润比（％），可参考表 3-3；

h：计划湿润层深度（cm），蔬菜一般为 0.2～0.3m，果树为 0.8～1.2m；

γ：土壤容重（g/cm^3）；

θ_{max}：灌溉上限，以占田间持水量的百分数（％）表示，下同；

θ_{min}：灌溉下限（％）；

η：灌溉水利用系数，在微灌条件下一般选取 0.9～0.95。

表 3-3　微灌土壤湿润比参考值

作　物	滴灌和小管出流（％）	微喷灌（％）
果树	25～40	40～60
葡萄、瓜类	30～50	40～70
蔬菜	60～90	70～100
棉花	60～90	

注：降雨多的地区宜选下限值，降雨少的地区宜选上限值。

（四）确定灌水时间间隔

微灌条件下，每一次灌水定额要比地面大水灌溉量少得多，次数就必须增加。当上一次的灌水量被作物消耗之后，就需要再一次灌溉。因此，灌水之间的时间间隔取决于上一次灌水定额和作物耗水特性。同一种作物在不同质地的土壤上，要想获得相同的产量，总的耗水量相差不会太大，所以，灌溉频率应该是砂土最大，壤土次之，黏土最小，灌水时间间隔应是黏土最长，壤土次之，砂土最短。

灌水时间间隔（灌水周期）可采用以下公式计算：

$$T=\frac{W}{E}\cdot\eta$$

式中：T：灌水时间间隔（d）；

W：灌水定额（mm）；

E：作物需水强度或耗水强度（mm/d）；

η：灌溉水利用系数，在微灌条件下一般选取 0.9～0.95。

不同作物的需水量不同，同一种作物不同生育阶段的需水量也不同，表 3-4 提供了一些果树、蔬菜作物的耗水强度，可供参考。在实际生产中，灌水时间间隔可以按作物生育期的需水特性分别计算，也可结合作物长势和农民经验进行灌溉。在以色列等国家，微灌灌溉间隔较短，蔬菜、花卉等经常是每天都进行灌溉，每次的灌水量也很少。在我国，微灌的自动化程度低，且受传统灌溉习惯的影响，对于每天灌溉农民接受有一点难度。据省内外试验证明，缩短灌溉间隔有利于提高产量。在生产应用中，对水分较敏感且需水量较大的作物要适当缩短灌溉间隔时间。

表 3-4　部分果树、蔬菜作物的耗水强度

作　物	滴灌（mm/d）	微喷灌（mm/d）
果树	3～5	4～6
葡萄、瓜类	3～6	4～7
蔬菜（保护地）	2～3	
蔬菜（露地）	4～5	

灌水时间间隔还受到气候条件的影响。在露地栽培的条件下，受到自然降水的影响，灌水时间间隔的设计主要体现在干旱少雨阶段的微灌管理。在设施栽培的条件下，灌水时间间隔受到气温的影响较大。在遇到低温时，作物耗水强度下降，同样数量的水消耗的时间延长。遇到高温时，作物耗水强

度增加，同样数量的水消耗的时间缩短。因此，实际生产中需要根据气候和土壤墒情来延长或缩短灌水间隔时间。

（五）确定灌溉制度

根据上述各项参数的计算，可以最终确定在当地气候、土壤等自然条件下，某种作物的灌水次数、灌水日期、灌水定额及灌溉定额，使作物的灌溉管理用制度化的方法确定下来。由于灌溉制度是以正常年份的降水量为依据确定的，在实际生产中，灌水次数、灌水日期和灌水定额需要根据当年的降水和作物生长情况进行调整。如果在露天使用微灌设备，在雨季，即使作物不需要灌溉，为了施肥也要进行适量滴灌，灌水量只要能满足滴灌施肥的需要即可。

三、拟合微灌施肥制度

将灌溉制度和施肥制度拟合在一起形成的即为微灌施肥制度。微灌施肥制度拟合一般采用肥服从水、分阶段结合法，把作物各生育期的施肥量分配到每次灌水中。具体来说，就是要把作物全生育期中的灌水定额（一次灌溉水量）、灌水周期、灌水次数与作物全生育期需要投入的养分数量及其各种养分比例、作物各个生长时期所需养分数量及其比例等进行拟合。

四、主要作物微灌施肥制度简介

目前，山东省已发布了日光温室番茄、黄瓜、草莓、油桃以及露天苹果等五项水肥一体化技术地方标准。

（一）日光温室越冬黄瓜滴灌施肥制度

黄瓜为喜钾、喜氮作物，需氮肥和钾肥数量较大。全生育期内吸收养分在不同时期吸收比例不同，吸收量呈单峰曲线，盛瓜中期达最大值。根据黄瓜经济产量确定 N、P_2O_5、K_2O 数量，结合各地水肥一体化试验、农户调查结果，每 667m^2 生产 20000kg 黄瓜，氮、磷、钾化肥施用量确定纯养分为 247.1kg，其中 N 87.6kg、P_2O_5 59.5kg、K_2O 100.0kg。有机肥料以培肥土壤、调节土壤理化性状为主要目的，施用量按农民常规用量确定。灌溉定额为 351m^3/667m^2，灌溉次数为 31 次。日光温室越冬黄瓜滴灌施肥制度如表 3-5 所示。

表 3-5 日光温室越冬黄瓜滴灌施肥制度

生育期	灌溉次数	灌水定额($m^3/667m^2$)	每次灌溉加入的纯养分量($kg/667m^2$)				备注
			N	P_2O_5	K_2O	$N+P_2O_5+K_2O$	
定植	1	30	18	15	32	65	沟灌
初花前期	1	12	0	0	0	0	滴灌
初花中后期	1	12	2.8	2.8	4.5	10.1	滴灌
结瓜初期	5	9	2.4	2.9	3.9	9.2	滴灌
结瓜中前期	8	10	2.4	1.9	3.5	7.8	滴灌
结瓜中后期	8	11	2	1.5	2	5.5	滴灌
结瓜末期	7	12	2.8	0	0	2.8	滴灌
全生育期合计	31	351	87.6	59.5	100	247.1	

注:目标产量为 $20000kg/667m^2$。

(二)日光温室越冬番茄滴灌施肥制度

番茄为喜钾需钙作物,需钾肥数量较大。根据番茄经济产量确定 N、P_2O_5、K_2O 数量,结合各地水肥一体化试验和农户调查结果,每 $667m^2$ 生产 10000kg 番茄,氮、磷、钾化肥施用量确定纯养分为 138.9kg,其中 N 49.1kg、P_2O_5 24.3kg、K_2O 65.5kg。有机肥料以培肥土壤、调节土壤理化性状为主要目的,施用量按农民常规用量确定。钙、镁依据土壤状况和有机肥料使用数量情况确定。灌溉定额为 $231m^3/667m^2$,灌溉次数为 18 次。日光温室越冬番茄滴灌施肥制度如表 3-6 所示。

表 3-6 日光温室越冬番茄滴灌施肥制度

生育期	灌溉次数	灌水定额($m^3/667m^2$)	每次灌溉加入的纯养分量($kg/667m^2$)				备注
			N	P_2O_5	K_2O	$N+P_2O_5+K_2O$	
定植	1	20	10	12	13	35	沟灌
苗期	2	8	0	0	0	0	滴灌
开花期	1	12	3.6	2.3	3.6	9.5	滴灌
结果初期	3	12	3	1.5	6	10.5	滴灌
采收前期	3	15	3	1	4.8	8.8	滴灌
采收盛期	5	12	2	0.5	3.3	5.8	滴灌
采收末期	3	14	2.5	0	0	2.5	滴灌
全生育期合计	18	231	49.1	24.3	65.5	138.9	

注:目标产量为 $10000kg/667m^2$。

（三）日光温室草莓滴灌施肥制度

草莓是苗期喜氮、结果期喜钾、养分需求全面的作物。根据草莓经济产量确定 N、P_2O_5、K_2O 数量，结合各地水肥一体化试验、农户调查结果，每 667m^2 生产 3000kg 草莓，氮、磷、钾化肥施用量确定纯养分为 53.5kg，其中 N 17.6kg、P_2O_5 13.3kg、K_2O 22.6kg。

有机肥料以培肥土壤、调节土壤理化性状为主要目的，施用量确定为 4000～5000kg/667m^2，为改善草莓品质，施用腐熟饼肥 100kg/667m^2。灌溉定额为 279m^3/667m^2，灌溉次数为 37 次。日光温室草莓滴灌施肥制度如表 3-7 所示。

表 3-7 日光温室草莓滴灌施肥制度

生育期	灌溉次数	灌水定额（m^3/667m^2）	每次灌溉加入的纯养分量（kg/667m^2）				备注
			N	P_2O_5	K_2O	N+P_2O_5+K_2O	
定植	1	10	3.6	6.2	5	14.8	滴灌
定植—现蕾	9	7	0	0	0	0	滴灌
现蕾—开花	1	4	1.2	0.5	1.2	2.9	滴灌
	1	7	1	1	1	3	滴灌
果实膨大期	1	7	0	0	0	0	滴灌
	4/2*	7	1.9	0.8	1.7	4.4	滴灌
果实采收期	20/10*	8	0.8	0.4	1.2	2.4	滴灌
全生育期合计	37	279	17.6	13.3	22.6	53.5	

注：目标产量为 3000kg/667m^2。＊为隔次施肥，即每灌溉 2 次，施 1 次肥。

（四）日光温室油桃滴灌施肥制度

根据油桃经济产量确定 N、P_2O_5、K_2O 数量，结合各地水肥一体化试验和农户调查结果，每 667m^2 生产 3000kg 油桃，氮、磷、钾化肥施用量确定纯养分为84.9kg，其中 N 32.1kg、P_2O_5 23.8kg、K_2O 29kg。

根据日光温室油桃生育期短，需肥量高，从硬核期开始对大量元素的吸收量迅速增加且对氮素较为敏感的特点，确定各生育期氮磷钾比例与数量。

有机肥按照农民常规用量确定。灌溉定额为 142m^3/667m^2，灌溉次数为 8 次。日光温室油桃滴灌施肥制度如表 3-8所示。

表 3-8 日光温室油桃滴灌施肥制度

生育期	灌溉次数	灌水定额（$m^3/667m^2$）	每次灌溉加入的纯养分量（$kg/667m^2$）				备注
			N	P_2O_5	K_2O	$N+P_2O_5+K_2O$	
秋季落叶前	1	30	7.5	7.5	7.5	22.5	滴灌
萌芽前	1	16	4.6	0	0	4.6	滴灌
盛花期	1	14	4	3.2	3.6	10.8	滴灌
硬核期	1	14	4	3.2	2.6	9.8	滴灌
果实膨大期	1	16	2.9	1.4	6.1	10.4	滴灌
采收前	1	16	2.1	1.5	4.2	7.8	滴灌
采收后	1	18	4	4	2	10	滴灌
修剪整枝后	1	18	3	3	3	9	滴灌
全生育期合计	8	142	32.1	23.8	29	84.9	

注：目标产量为 $3000kg/667m^2$。

(五)露天苹果滴灌施肥制度

苹果需水、需肥数量在不同生长时期差异较大。根据苹果经济产量确定 N、P_2O_5、K_2O 数量，结合各地水肥一体化试验和农户调查结果，每 $667m^2$ 生产 4000kg 苹果，氮、磷、钾化肥施用量确定纯养分为 93.8kg，其中 N 36kg、P_2O_5 18kg、K_2O 39.8kg。根据苹果前期以吸收氮肥为主，中后期（果实膨大期）以吸收钾肥为主，而整个生育期对磷的吸收比较平稳的特点，确定各生育期氮、磷、钾比例与数量。有机肥按照农民常规用量确定。灌溉定额为 $205m^3/667m^2$，灌溉次数为 8 次。露天苹果滴灌施肥制度如表 3-9 所示。

表 3-9 露天苹果滴灌施肥制度

生育期	灌溉次数	灌水定额（$m^3/667m^2$）	每次灌溉加入的纯养分量（$kg/667m^2$）				备注
			N	P_2O_5	K_2O	$N+P_2O_5+K_2O$	
采收后	1	35	6	4	5.6	15.6	滴灌
花前期	1	20	6	2	4.3	12.3	滴灌
花后期	1	25	6	2.5	5.3	13.8	滴灌
幼果期	1	25	4.5	1.5	3.3	9.3	滴灌
花芽分化期	1	25	4.5	1.5	3.3	9.3	滴灌
果实膨大前期	1	25	6	1.5	5.3	12.8	滴灌
果实膨大后期	1	25	3	2.5	5.6	11.1	滴灌
采收前	1	25	0	2.5	7.1	9.6	滴灌
全生育期合计	8	205	36	18	39.8	93.8	

注：目标产量为 $4000kg/667m^2$。

第四章　农田土壤墒情监测技术

农田土壤墒情监测是指通过对常年降水量、温度、湿度和光照的观测记录，对监测点所在区域不同层次土壤含水量、农业生产技术配置、作物表象、灾害性天气等的观测记录，掌握土壤水分动态变化规律，了解降水、灌溉及土壤水分变化与农业生产之间的关系。农田土壤墒情监测是农业生产中不可缺少的基础性、公益性工作，与病虫害预测预报、苗情长势调查一样，是农业生产过程中农情动态监测的重要内容之一。通过开展农田土壤墒情监测，可以为政府部门准确地引导和组织农民进行农业结构调整和生产布局的宏观决策提供科学依据，可以为抗旱减灾、安全生产、科学种田提供科学依据，还可以为农业技术的水资源利用成效评价提供科学依据。农田土壤墒情监测技术主要包括监测站点的建立、土壤水分测定、数据采集和处理、墒情等级评价和信息发布等主要环节。

第一节　土壤墒情监测站点的建立

土壤墒情监测标准站一般指在固定场所设有自动监测设备，能实现采集、储存、传输等自动采集功能的监测站点，主要完成降水量、气温、光照和土壤含水量等各项数据采集。监测点一般指在一个相对固定的地块上，由技术人员定期到田间进行土壤含水量（采土化验或水分速测）、农作物生长表象等数据采集的监测点位。

一、监测站点的布局

在国家、省和县不同的层面上，农田土壤墒情监测的作用有所差异，但布局总原则是一致的。为了保证监测工作的顺利开展，监测站点布设时应考虑根据不同的层面和工作要求进行布局，具体包括以下三个方面。

(一)以国家、省为整体的网络化布局

根据国家、省域农业区划和自然条件特点,在主要的农业生态区,选择代表性强的县设立农田土壤墒情监测站点。通过合理的监测站点布局,有利于降低工作成本,提高工作的整体性和系统性,确保在国家、省级范围内的信息发布和成果应用。

(二)以县为单位进行的监测点布局

在县域范围内,监测点的布局要考虑地形地貌、降水分布、土壤类型、耕地生产水平(高、中、低产田)及灌溉条件等因素。在县域内形成监测点网络,监测成果可直接为本县农业生产服务。县域的监测点是国家和省级监测网络的基础。

(三)以当地主导作物和灌溉条件为基础的监测点布局

省、县的监测点布局最终要落实到主导作物和灌溉条件上。主导作物应该以小麦、玉米、棉花等大宗的农作物为主,灌溉条件应区分灌溉和旱作。这可直接为作物生产布局、生产管理、产量预测等提供科学依据。

二、监测站点的设立原则和监测内容

一般县域设5～7个有代表性的监测站点,其中应包含至少1个监测标准站。有条件的县可以增加监测点数量,监测点越多,数据的代表性越强。

监测标准站在县域设置时,其位置选择要考虑能够代表当地气候类型、地形地貌、土壤类型、生产布局等因素。监测站全部采用自动监测设备,监测内容主要包括当地的降水量、光照强度、温度、空气湿度和农田不同土层深度的实时土壤含水量等,采集的信息充分体现了当地自然条件下的土壤含水量变化规律。

监测点主要建立在农田上,要设在当地有代表性的生态区,以粮食作物种植区为重点,兼顾经济作物和果树种植区,综合考虑灌溉条件(旱作农田、灌溉农田)、当地耕作制度、灌溉方式、灌溉保证率、技术模式等因素。农田土壤墒情监测可采用取土测试的传统方法,也可以采用便携式土壤水分速测仪器进行现场测试等。监测内容包括作物不同生育时期主要根系分布层的土壤含水量、作物长势、作物受旱表象及受旱面积、采用的农业管理技术及作物产量等。

从工作层面上考虑,监测标准站应该与多个农田土壤墒情监测点相匹配。在综合分析农田监测结果和进行预报时,需要监测标准站的气象资料,还可以对比验证采取了不同农业措施的农田中土壤含水量变化的相关性和规律性。

三、监测标准站的建立

（一）主要设备及其特点

监测标准站所需的主要设备包括实时土壤水分测试仪、GPS定位仪、小型气象站、计算机、打印机和传真机等。

实时土壤水分测试仪一般由多个土壤水分传感器、数据传输线、多通道数据采集器和计算机四部分组成。实时土壤水分测试仪安装在与主要耕作土壤类型相一致的农田上，土壤水分传感器根据需要埋入不同的土层深度。

小型气象站由多通道数据采集器、各种传感器（温度、湿度、风速、风向、太阳辐射、气压等）、翻斗式雨量桶及计算机等组成。

实时土壤水分测试仪和小型气象站测定的数据通过传输线传输到多通道数据采集器，然后导入计算机或是采用GPRS或GSM传输方式上传到网络，然后进行分析和处理。多通道数据采集器必须安装在便于管理并有避雨条件的地方。

（二）设备安装的地点与标志

监测标准站主要用来进行区域气候、土壤含水量动态变化等长期的基础数据信息收集。应设在相对空旷平坦、交通方便、利于设备安装和管理的地块上。考虑到监测工作的连续性，监测标准站应选择能长期保持稳定的地块，并用GPS定位。

监测标准站设备放置的面积不能小于30m^2。设备安装前要进行地表整理，清除杂草，检查是否有其他地下管线和残留的金属设备等，不要大规模地翻动土壤，以尽可能保持原有的土壤层次和特性。周围不应有高大的建筑物或树林等，以免影响监测结果。实时土壤水分测试仪和小型气象站安装完成后，为保护设备不被破坏，必须安装防护栏，多雷地区应安装避雷装置。

一般监测标准站应有工作用房，主要用于计算机、打印机、传真机设备的存放和工作人员进行数据下载等操作。具有GPRS或GSM网络传输功能的监测标准站可不配工作用房。监测站各项建设完成后，应拍摄景观照片，并设立保护标志，写明名称、地点、土壤类型和保护要求等。

四、监测点的建立

（一）监测点地块和农户的选择

农田土壤墒情监测点主要是监测农田土壤含水量变化及对作物的影响程度，因此，建立农田监测点时：一是要选择好地块，选择当地土壤类型及种植类型等具有典型代表性的地块，种植模式、生产管理水平和作物产量等能代表当地的现实水平，每个监测地块连片面积应该不小于 0.2hm^2。二是要选择好农户，农田土壤墒情监测点在进行土壤水分监测的同时，要开展田间观测记录，需要全年记载农业生产管理情况和作物长势等信息，需要农户协作，所以，选择协作农户时就要考虑家庭成员的文化水平和农业生产管理水平，应在当地具有代表性。同时要选择责任心强的农户，并进行培训，以确保各项记录能够及时准确。选定监测点农户后，要与农户进行充分沟通，约定工作要求和补偿办法，并签订协议。

（二）监测点的标志

农田土壤墒情监测点确定之后，应进行 GPS 定位，拍摄景观照片，并设立固定的标牌。固定标牌上应标明监测点位置、协作农户、代表的作物类型、土壤类型、承担单位及建点时间等内容，并建立档案。

五、监测站点基础数据的记载及填表

监测标准站和农田监测点建好后，应及时进行基本信息的调查和测定，并填写监测点基本情况调查表（见表 4-1 和表 4-2），主要内容包括三个方面。

（一）定位和拍摄景观照片

监测标准站和农田监测点地块分别用 GPS 定位，拍摄监测点景观及土壤剖面照片。拍摄景观照片时，应突出地貌特征，从照片上可判别出监测地块所在的小地貌单元的部位。土壤剖面照片可以在自动监测站的传感器安装时进行。

（二）填写基本情况

基本情况包括气候状况、土壤状况、地形部位、地表植被状况及障碍类型等内容。

气候状况包括年均降水量、有效积温、无霜期等，查询当地气象资料后填写。

气候类型区按照干旱区、半干旱区、半干旱偏旱区、半湿润偏旱区、半湿润区和湿润区填写。土类、亚类、土属、土种按全国第二次土壤普查的分类系统命名填写。

成土母质按照残积物、坡积物、洪积物或冲积物填写。残积物、坡积物与母岩有直接关系，可以填写为“××岩残积物母质”、“××岩坡积物母质”。洪积物、冲积物与母岩的关系比较远，判断不清的，不要牵强地与母岩挂钩。

表 4-1　　监测标准站基本情况调查表

<table>
<tr><td colspan="2">监测标准站代码</td><td></td><td colspan="2">建站时间</td><td></td></tr>
<tr><td colspan="2">填表日期</td><td></td><td colspan="2">填表单位</td><td></td></tr>
<tr><td colspan="2">省名</td><td></td><td colspan="2">市名</td><td></td></tr>
<tr><td colspan="2">县(市、区)名</td><td></td><td colspan="2">乡(镇)名</td><td></td></tr>
<tr><td colspan="2">地块所属单位</td><td></td><td colspan="2">行政区划代码</td><td></td></tr>
<tr><td colspan="2">经度(° ′ ″)</td><td></td><td colspan="2">纬度(° ′ ″)</td><td></td></tr>
<tr><td colspan="2">气候类型区</td><td></td><td colspan="2">年均降水量(mm)</td><td></td></tr>
<tr><td colspan="2">≥10℃有效积温(℃)</td><td></td><td colspan="2">无霜期(天)</td><td></td></tr>
<tr><td colspan="2">海拔高度(m)</td><td></td><td colspan="2">地表植被</td><td></td></tr>
<tr><td colspan="2">地表植被覆盖率(%)</td><td></td><td colspan="2">地形部位</td><td></td></tr>
<tr><td colspan="2">成土母质</td><td></td><td colspan="2">障碍类型</td><td></td></tr>
<tr><td colspan="2">土类</td><td></td><td colspan="2">亚类</td><td></td></tr>
<tr><td colspan="2">土属</td><td></td><td colspan="2">土种</td><td></td></tr>
<tr><td rowspan="4">土壤物理性状</td><td>层次</td><td>0～20cm</td><td>20～40cm</td><td>40～60cm</td><td>60～100 cm</td></tr>
<tr><td>土壤质地</td><td></td><td></td><td></td><td></td></tr>
<tr><td>田间持水量(%)</td><td></td><td></td><td></td><td></td></tr>
<tr><td>土壤容重(g/cm³)</td><td></td><td></td><td></td><td></td></tr>
<tr><td>景观照片</td><td colspan="5">景观照片粘贴在此处</td></tr>
</table>

表 4-2　　　　农田土壤墒情监测点基本情况调查表

<table>
<tr><td colspan="2">监测点代码</td><td></td><td colspan="2">建点时间</td><td></td></tr>
<tr><td colspan="2">填表日期</td><td></td><td colspan="2">填表单位</td><td></td></tr>
<tr><td colspan="2">省名</td><td></td><td colspan="2">市名</td><td></td></tr>
<tr><td colspan="2">县(市、区)名</td><td></td><td colspan="2">乡(镇)名</td><td></td></tr>
<tr><td colspan="2">村名</td><td></td><td colspan="2">组名</td><td></td></tr>
<tr><td colspan="2">农户名</td><td></td><td colspan="2">行政区划代码</td><td></td></tr>
<tr><td colspan="2">经度(° ′ ″)</td><td></td><td colspan="2">纬度(° ′ ″)</td><td></td></tr>
<tr><td colspan="2">气候类型区</td><td></td><td colspan="2">综合农业区划二级区</td><td></td></tr>
<tr><td colspan="2">常年降水量(mm)</td><td></td><td colspan="2">≥10℃有效积温(℃)</td><td></td></tr>
<tr><td colspan="2">无霜期(天)</td><td></td><td colspan="2">海拔高度(m)</td><td></td></tr>
<tr><td colspan="2">地形部位</td><td></td><td colspan="2">农田基础设施水平</td><td></td></tr>
<tr><td colspan="2">地力等级</td><td></td><td colspan="2">潜水埋深(m)</td><td></td></tr>
<tr><td colspan="2">耕地类型</td><td></td><td colspan="2">障碍类型</td><td></td></tr>
<tr><td colspan="2">灌溉方式</td><td></td><td colspan="2">种植制度</td><td></td></tr>
<tr><td colspan="2">田块面积($667m^2$)</td><td></td><td colspan="2">代表面积(hm^2)</td><td></td></tr>
<tr><td colspan="2">成土母质</td><td></td><td colspan="2">凋萎含水量(%)</td><td></td></tr>
<tr><td colspan="2">土类</td><td></td><td colspan="2">亚类</td><td></td></tr>
<tr><td colspan="2">土属</td><td></td><td colspan="2">土种</td><td></td></tr>
<tr><td rowspan="2">产量水平</td><td>作物名称</td><td></td><td></td><td></td><td></td></tr>
<tr><td>产量($kg/667m^2$)</td><td></td><td></td><td></td><td></td></tr>
<tr><td rowspan="4">土壤物理性状</td><td>层次</td><td>0～20cm</td><td>20～40cm</td><td>40～60cm</td><td>60～100cm</td></tr>
<tr><td>土壤质地</td><td></td><td></td><td></td><td></td></tr>
<tr><td>田间持水量(%)</td><td></td><td></td><td></td><td></td></tr>
<tr><td>土壤容重(g/cm^3)</td><td></td><td></td><td></td><td></td></tr>
<tr><td rowspan="2">技术模式</td><td colspan="5">技术名称：</td></tr>
<tr><td colspan="5">简要说明：</td></tr>
<tr><td>景观照片</td><td colspan="5">景观照片粘贴在此处</td></tr>
</table>

地形部位指能影响监测田块土壤理化特性的最末一级的地貌单元，如坡麓梯田、近山阶地、河谷梯田、河漫滩、河谷高地、槽状洼地、浅平洼地、缓岗、缓平坡地、山前缓平地、山前倾斜平地。

地表植被状况包括地表植被和地表植被覆盖率。建立监测站以前的地表植物，如果是作物填写作物名称，如果是自然植被填写主要植被类型，如果是裸露地填“无”。地表植被覆盖率填写植被覆盖监测站所在区域的面积比例。

障碍类型指限制产量的主要障碍因素，如干旱缺水、渍涝（旱地）、盐碱、瘠薄、沙化、坡地（侵蚀）、障碍层等。没有明显障碍因素填“无”。

综合农业区划二级区，填写大的区域，如山东的三大区域（胶东丘陵区、鲁中南山地丘陵区、鲁西北黄泛平原区）。

凋萎含水量指监测点的代表作物凋萎含水量，可查阅当地有关科研、教学材料，也可用土壤最大吸湿量的1.5～2倍表示。

农田基础设施水平填写梯田、集雨池、渠道输水（衬砌或土渠，两者选一）、管道输水。没有基础设施建设的填“无”。

地力等级根据当地常年产量水平，分高、中、低填写。

潜水埋深是指埋藏在地表以下第一个隔水层以上的地下水。潜水埋深填写常年潜水面与地面的铅垂距离，取整数位，单位为米（m）。

耕地类型主要填写灌溉水田、望天田、水浇地、旱地、菜地。

灌溉方式主要填写地面灌（畦灌、沟灌、管灌，三者选一）、喷灌、微喷灌、滴灌等。

种植制度按照一年一熟、二年三熟、一年二熟等填写，如小麦－玉米，一年二熟。

田块面积是指监测点所在的地块面积，地块内的作物、种植模式及技术管理水平一致。

代表面积是指监测类型区内与监测点相同作物和技术模式的耕地面积，用hm^2表示。

产量水平是填写监测地块内种植的主要作物和常年平均产量。

（三）测定基础数据

对监测点0～20cm、20～40cm、40～60cm 3个层次的土壤质地、土壤容重、田间持水量进行实际测定。部分作物可增加60～100cm层次测定。

土壤质地按砂土、砂壤土、轻壤土、中壤土、重壤土、黏土填写。

土壤容重按测定结果填写。

田间持水量是非常重要的基础数据，用围框淹灌法或环刀法进行测定，按实际测试值填写。

第二节 农田土壤水分的测定

农田土壤水分的测定方法通常有烘干法、时域反射法、频域法和张力计法。田间持水量的测定方法通常有围框淹灌法和环刀法。

一、土壤含水量的测定方法

（一）烘干法

烘干法是将土壤样品在烘干箱中（105℃±2℃）烘至恒重后，与烘干前土样相比所失去的重量即为土壤样品所含水分的质量。烘干法适用于除有机土（含有机质20%以上）以及含大量石膏的土壤以外的各类土壤的水分含量测定。

墒情监测所采集的土壤为新鲜土样。在采样地块，用土钻（或取土器）采集有代表性的土样，刮去土钻上部浮土，将所采深度中部土壤（10～20g）捏碎后迅速装入已知准确质量的铝盒内，盖紧，装入木箱或其他容器，带回室内，将铝盒外表擦拭干净，立即称重，烘干后须在干燥器内冷却至室温，再称重。测定步骤及方法要符合规范要求。

（二）时域反射法和频域法

时域反射法是通过测定土壤中的水和其他介质介电常数之间的差异，通过采用时域反射测试技术测定土壤含水量的方法。频域法包括频域分解法、驻波法、频域反射法等，利用被测介质中表观介电常数随土壤含水量变化而变化这一原理测定土壤含水量。时域反射法和频域法也统称为“速测法”。

时域反射法和频域法的优点是测定速度快，可在瞬间读取监测数据，操作便捷，适用范围广，既可用于流动监测，也可用于定点监测。在农田、设施温室等可随时进行土壤含水量的测定。缺点是流动监测时，其同一地域数据间可比性差（重现性差），特别是在土壤含水量过低或过高的地块、或在砂土或黏土上测定时，准确度较差。土壤耕层孔隙度高，金属棒与土壤接触不紧实，也会造成测试的数据误差较大。因此，一般以同一地点多次测定数据的平均值作为最终结果。

（三）张力计法

张力计是目前在田间应用较广泛的水分监测设备，主要用来指导灌溉。

张力计测定的是土壤的基质势(土壤水吸力),并非土壤的含水率。根据土壤水分特征曲线,可以由张力计读数找到对应的土壤含水率。目前,我国尚无各种质地土壤的水分特征曲线供参考,不能从理论上分析得出,必须由试验室测定。在应用实践中,通常将张力计埋设于2个深度,上面的一支安置在根系活动最强区,下面的一支安置在根系活动区的底部附近。使用张力计时要把瓷杯和管内都装满水,使整个仪器封闭,然后插入土中,瓷杯与土壤必须紧密接触。瓷杯内的水通过细孔与土壤水相连通,逐渐达到平衡,这时仪器内的水承受与土壤水相同的吸力,其数值可由真空压力表或水银压力表显示出来。张力计价格相对便宜,但对砂土、过黏重的土壤和盐土,张力计不能发挥作用。

二、土壤田间持水量的测定方法

(一)围框淹灌法(野外测定方法)

围框淹灌法是在选定的地块中,通过灌水、渗漏,使土壤在一定时间内达到毛管悬着水的最大量时,取土测定水分含量,此时的土壤水分含量即为土壤田间持水量。测定方法如下:

1. 测定地块的选择。在田间地块选一具有代表性的测试地段。先将地面平整,使灌水时水不致积聚于低洼处而影响水分均匀下渗。

2. 筑埂。测试地段面积一般为 $4m^2$,四周筑起一道土埂(从埂外取土筑埂),埂高30cm,底宽30cm。然后在其中央放入方木框,木框入土深度为25cm,框内面积为 $1m^2$,为测试区。若无木框,可再筑一内埂替代,埂内面积仍为 $1m^2$。木框或内埂外的部分为保护区,目的是防止测试区内的水外流。

3. 计算灌水量。从测试点附近取土测定1m深内土层的含水量,计算土壤现时蓄水量。按土壤的孔隙度(总孔隙度)计算1m土层内全部孔隙充水时的总灌水量,减去土壤现时蓄水量,差值的1.5倍即为需要补充的灌水量。

土壤孔隙度可以通过测定土壤容重和比重来计算。如果缺少土壤孔隙度的实测数据,可以查表4-3。

表4-3 土壤孔隙度

类　型	孔隙度(%)
黏土及重壤土	50～45
中壤土及轻壤土	45～40
砂壤土	40～35
砂土	35～30

示例：设 1m 土层的平均孔隙度为 45%，为使其全部孔隙充满水分，求出需要的灌水量。

解：1m 土层全部孔隙充满水时的土壤蓄水量：

$$1000mm(1m)\times 45\%=450mm$$

设土层现有蓄水量为 150mm，则应增加的水量：

$$(450mm-150mm)\times 1.5=450mm$$

1m² 测试区需要的灌水量：

$$1m^2\times 0.45m(450mm)=0.45m^3$$

保护区的灌水量：

$$(4-1)\ m^2\times 0.45m=1.35m^3$$

测试区和保护区共需灌水量：

$$0.45\ m^3+1.35\ m^3=1.8\ m^3$$

4. 灌水。灌水前在地面铺放一薄层干草，避免灌水时冲击土壤，破坏表土结构。灌水时先灌保护区，迅速建立 5cm 厚的水层，然后向测试区灌水，同样建立 5cm 厚的水层，直至用完计算的全部灌水量。

5. 覆盖。灌完水后，在测试区和保护区再覆盖 50cm 厚的草层，避免土壤水分蒸发损失。为了防止雨水渗入的影响，在草层上覆盖塑料薄膜。

6. 取土测定水分。灌水后，砂壤土和轻壤土经 1～2 昼夜，重壤土和黏土经 3～4 昼夜，取土测定含水量，取土后仍将地面覆盖好。取回的土样称取 20g，用烘干法或酒精燃烧法测定其水分含量，即为土壤的田间持水量。每天测定一次，直到前后两天测定的土壤含水量无明显差异为止。一般砂土需 1～2 天，壤土 3～5 天，黏土 5～10 天，此时土壤水分运动基本达到平衡。

(二)环刀法(室内测定方法)

1. 在室内先称量环刀(连同底盘、垫底滤纸和顶盖)的重量。

2. 将已称量的环刀带至田间采样。采样前，将采样点土面铲平，去除环刀两端的盖子，再将环刀(刀口端向下)平稳压入土中，切忌左右摆动，在土柱冒出环刀上端后，用铁铲挖周围土壤，取出充满土壤的环刀，用锋利的削土刀削去环刀两端多余的土壤，使环刀内的土壤体积恰好为环刀的容积。在环刀刀口一端垫上滤纸，并盖上底盖，环刀上端盖上顶盖，擦去环刀外侧的泥土。同时在相同土层采土。

3. 将装有原状土的环刀放于盛水的搪瓷盘内，有孔的底盖端朝下，盘内水面较环刀上缘低 1～2mm，让水分饱和土壤。注意不要使环刀的上面淹水。

4. 将同时采集的同层土样风干，磨细过 1mm 筛孔，装入环刀中，装时要轻拍击实,并稍微装满一些,也可以用石英砂代替干土。

5.将水分饱和一昼夜的装有原状土的环刀取出,打开有孔的底盖,将其连滤纸一起放在装有干土(或石英砂)的环刀上。为使上下环刀紧密接触,可压上砖头,一对环刀可压两块砖。

6.经过 8h 吸水后,从环刀内取出 15～20g 原状土测定含水量,此值接近于该土壤的田间持水量。

第三节　土壤墒情数据的采集和处理

一、监测标准站数据采集和处理

(一)实时土壤水分测试仪的数据采集和处理

实时土壤水分测试仪的数据采集器可以自动采集数据,也可以手动采集数据。为了节省人力,一般都设置为自动采集,然后定期下载数据或自动传输到网络上。自动数据采集器最小时间段是每 5min 即可采集一组监测数据。从满足工作需求和减少工作量两方面考虑,每日一般取 4 次测定值,时间分别为 2:00、8:00、14:00、20:00,所有数据会自动记录在数据采集器中。为满足指导农业生产的工作要求,也为了确保数据不丢失,至少每周要从数据采集器中下载一次数据。

实时土壤水分测试仪采集的数据可用 Excel 或文本格式记录。如果用 Excel 格式记录的数据,可以直接进行分析计算,如果是用文本格式记录的数据,需进行相关的数据转换后才能在 Excel 中进行相关内容的计算。

(二)小型气象站的数据采集和处理

从土壤墒情评价工作需要出发,气象数据每日记录次数和时间应该与土壤墒情监测数据的记录次数和时间相一致,记录时间分别为 2:00、8:00、14:00、20:00。正常情况下,至少每周下载一次数据,所下载的数据一般是 Excel 表格形式,可直接进行计算。

二、监测点数据的采集和处理

(一)土壤水分测定时间的安排

一般来说,农田土壤墒情监测以全年安排为好,避免工作的时续时断而影响最终的监测结果。但是监测的次数过多,则工作量太大,监测的次数过少,则不能满足指导生产的需要。因此,应尽可能以最少的监测次数获得最佳的监测结果。许多地方的实践表明，一般每月监测 2 次即可满足农业生产管理要求，但遇干旱季节则应增加监测次数。按照监测规程，确定为每月 10 日、25 日取样测定土壤水分。取样日遇降雨时，日降雨量小于 10mm，当日可以照常取样测定；日降雨量大于 10mm、小于 25mm，雨后 3 天取样测定；日降雨量大于 25mm，雨后 5 天取样测定；取样日前后遇连续降雨则不取样测定。冬季土壤封冻后暂停取样测定，待土壤解冻后恢复取样测定。

（二）土壤水分测定深度的确定

农田土壤水分测定深度主要是根据作物不同生育期的主要根系分布深度、不同土壤层次的供水能力和作物利用土壤水的基本规律确定。在日常的监测工作中，监测深度设置在 0～100cm 范围内，分为 0～20cm、20～40cm、40～60cm、60～100cm 4 个层次进行取样测定，其中，0～20cm、20～40cm 为必测层。对于一些特殊作物，则可根据其根系的分布深度和监测的目的，增加取样测定层次和深度。每个监测点采用烘干法的采样点应不少于 3 个，速测仪应不少于 7 个。土样的采集及测定部位应在每个层次的中部。

（三）土壤墒情监测数据的记录

农田监测点的土壤水分测定应在当天或第二天完成，填写农田土壤墒情监测点数据原始记录表（见表 4-4）。现场还应填写作物生长发育阶段、主要根系分布深度和作物表象。如果作物受到旱灾的威胁，则要填写作物受旱表象和所占田块面积的百分率。当土壤含水量不足时，作物顶部幼叶首先表现出下垂或卷曲。因此，在监测点取样时，要特别关注作物的表象和萎蔫状况，如植株高矮、叶面积、叶色、作物顶部（稍）幼叶至下部的萎蔫程度和作物枯死状况等。作物出现萎蔫状况是作物已经受旱的重要表象。轻度萎蔫的作物，如果抗旱措施及时，可能不会对未来的产量产生大的影响，但仍要记录其轻度受旱的表象。不同的作物，在土壤水分供应不足，发生萎蔫现象时的表现不同，应通过大量的实地观测，逐步建立起不同作物受旱表象的描述方法。作物表象的记录十分重要，可以帮助进一步诊断当时土壤含水量对作物的适宜情况和可持续供水时间的长短，在进行墒情信息发布时，可以有针对性地提出相应的技术对策，指导农民科学地进行生产管理。

同时，还要采集降水量、灌溉、监测点所在地块每年的种植作物、采用的节水技术模式、施肥方式、施肥量、产量、投入及效益等信息。采集这些数据的目的是分析相同的降水、灌溉条件下，不同的生产管理对土壤墒情的影响以及对产量的影响，便于更好地指导农业生产。

表 4-4 农田土壤墒情监测点数据原始记录表

<table>
<tr><td>监测点代码</td><td colspan="2"></td><td>测定日期</td><td></td></tr>
<tr><td>当季作物</td><td colspan="2"></td><td>作物生育期</td><td></td></tr>
<tr><td colspan="3">土壤含水量测定方法(在采用的方法上打√)</td><td>重量法(　　)</td><td>容积法(　　)</td></tr>
<tr><td rowspan="2">测定点数</td><td colspan="4">土壤含水量(%)</td></tr>
<tr><td>0～20cm</td><td>20～40cm</td><td>40～60cm</td><td>60～100cm</td></tr>
<tr><td>1</td><td></td><td></td><td></td><td></td></tr>
<tr><td>2</td><td></td><td></td><td></td><td></td></tr>
<tr><td>3</td><td></td><td></td><td></td><td></td></tr>
<tr><td>4</td><td></td><td></td><td></td><td></td></tr>
<tr><td>5</td><td></td><td></td><td></td><td></td></tr>
<tr><td>N</td><td></td><td></td><td></td><td></td></tr>
<tr><td>平均</td><td></td><td></td><td></td><td></td></tr>
<tr><td>根系分布(cm)</td><td colspan="4"></td></tr>
<tr><td>作物表象</td><td colspan="4"></td></tr>
</table>

填表单位： 填表人员：

第四节　土壤墒情等级评价指标

一、土壤墒情等级划分

农田土壤墒情等级是指农田土壤含水量与对应的作物生长发育阶段的适宜程度评价。在不同的作物生长发育阶段,作物根系对农田土壤含水量有不同的要求。按照耕地利用类型确定评价等级标准,根据土壤水分、作物表象、生产状况等因素综合评价墒情等级,能够让人们更加形象地理解土壤含水量的意义。农田土壤墒情等级具体划分如下。

(一)水浇地和旱地

1.渍涝。土壤水分饱和,田面出现积水,持续超过3天;不能播种,作物生长停滞。

2.过多。土壤水分超过作物播种出苗或生长发育适宜含水量上限(通常为土壤相对含水量大于85%),田面积水3天内可排除,对作物播种或生长产生不利影响。

3.适宜。土壤水分满足作物播种出苗或生长发育需求(通常为土壤相对含水量的60%~85%),有利于作物正常生长。

4.不足。土壤水分低于作物播种出苗或生长发育适宜含水量的下限(通常为土壤相对含水量的50%~60%),不能满足作物需求,生长发育受到影响,午间叶片出现短期萎蔫、卷叶等表象。

5.干旱。土壤水分供应持续不足(通常为土壤相对含水量低于50%),干土层深5cm以上,作物生长发育受到危害,叶片出现持续萎蔫、干枯等表象。

6.严重干旱。土壤水分供应持续不足,干土层深10cm以上,作物生长发育受到严重危害,干枯死亡。

(二)水田

1.渍涝。淹水深度在20cm以上,3天内不能排出,严重危害作物生长。

2.过多。淹水深度为8~20cm,3天内不能排出,危害作物生长。

3.适宜。淹水深度为0~8cm,有利于作物生长发育。

4.不足。田面无水、开裂,裂缝宽1cm以下,午间高温时,禾苗出现萎蔫,影响作物生长。

5.干旱。田间严重开裂,裂缝宽1cm以上,禾苗出现卷叶,叶尖干枯,危害作物生长。

6.严重干旱。土壤水分供应持续不足,禾苗干枯死亡。

二、土壤墒情评价指标体系的建立

不同区域、不同土壤质地农田及不同作物土壤墒情评价指标是不相同的。因此,科学合理地指导农业生产必须通过广泛地收集整理已有的气象资料、作物需水特性研究资料和作物受旱的表象资料,并结合长期的田间观测记载资料的分析整理,建立本区域不同土壤质地及作物的土壤墒情评价指标体系。

(一)资料收集与分析

收集本地区主要作物的种类、分布区域、播种面积和耕作制度,主要作物不同生育期的需水规律和灌溉试验研究资料,主要作物生育期内气候特征和变化规律的相关资料，农田水利设施条件和主要作物的灌溉方式、灌溉定额、灌水定额、灌水周期等资料。收集主要耕作土壤的质地、容重、田间持水量、凋萎系数和土壤毛管断裂含水量等数据资料，对有些土壤基础数据，要结合监测点基础信息的采集进行土壤采样测定。通过综合分析这些数据，从中找出当地土壤水分变化规律和影响因素，分析当地旱情发展的规律，为建立评价指标体系奠定基础。

（二）田间观测试验

田间试验观测可以采取小区规范试验的方法，也可以结合当地农业生产和墒情监测点的管理，在大田中选择布置田间附加观测试验。在不同生态区，针对不同的作物都应有田间试验观测地块。

具体的操作方法是：在同一土壤类型上，确定一个重点作物，选择5块有代表性的种植田块，按照“大处理、小样本”的原则设立田间观测试验区，定期测定土壤含水量，观测记载作物生长期间的生长发育指标和受旱状况，如植株生长发育状况、高矮程度、叶面积、叶色、叶片萎蔫程度和作物枯死状况等，做好观测记录，通过这些观测记录，建立不同土壤含水量与作物生长发育和作物表象之间的对应关系，为土壤墒情评价指标体系的建立提供依据。玉米田间观测记录示例如表4-5所示。

表4-5　　玉米幼苗期（出苗—拔节）土壤水分含量与作物表象

土壤相对含水量	说　明
>80%	小苗地上部生长过快，根系较浅，苗高而不壮
60%～80%	小苗生长整齐，发育健壮，根系发达
55%～69%	小苗生长较慢，叶色较淡
50%～55%	小苗发育受阻，中午时叶片会出现阶段性萎蔫
< 50%	小苗发育基本停滞，偶有小苗枯死

注：土壤质地为壤土。

（三）土壤墒情评价指标体系的建立

组织土壤、植物生理、作物栽培、气象等专家会商，分析收集和试验获得的数据，确定不同作物、不同生育期适宜土壤相对含水量的指标上限和下限。然后，结合田间土壤相对含水量与不同作物生育期缺水表象间的关系，建立土壤墒情评价指标体系，并要通过进一步的田间试验和观测进行修改完善。表4-6至表4-9为山东省主要农作物土壤墒情评价指标体系，供参考。

表 4-6　　冬小麦不同生育期土壤墒情评价指标体系

生育时期	评价土壤深度(cm)	墒情等级及土壤相对含水量(%)					
		渍涝	过多	适宜	不足	干旱	严重干旱
播种—出苗	0～20	＞100	85～100	65～85	55～65	45～55	＜45
出苗—越冬	0～20	＞100	80～100	65～80	55～65	40～55	＜40
越冬—返青	0～20	＞100	90～100	60～90	50～60	40～50	＜40
返青—拔节	0～40	＞100	85～100	60～85	50～60	40～50	＜40
拔节—抽穗	0～40	＞100	90～100	65～90	55～65	45～55	＜45
抽穗—灌浆	0～40	＞95	85～95	65～85	55～65	50～55	＜50
灌浆—成熟	0～40	＞95	80～95	60～80	50～60	40～50	＜40

表 4-7　　玉米不同生育期土壤墒情评价指标体系

生育时期	评价土壤深度(cm)	墒情等级及土壤相对含水量(%)					
		渍涝	过多	适宜	不足	干旱	严重干旱
播种—出苗	0～20	＞95	80～95	70～80	60～70	50～60	＜50
出苗—拔节	0～20	＞90	80～90	60～80	50～60	40～50	＜40
拔节—抽穗	0～40	＞95	85～95	65～85	55～65	50～55	＜50
抽穗—灌浆	0～40	＞100	85～100	75～85	65～75	55～65	＜55
灌浆—成熟	0～40	＞95	80～95	65～80	60～65	50～60	＜50

表 4-8　　棉花不同生育期土壤墒情评价指标体系

生育时期	评价土壤深度(cm)	墒情等级及土壤相对含水量(%)					
		渍涝	过多	适宜	不足	干旱	严重干旱
播种—出苗	0～20	＞100	80～100	70～80	65～70	55～65	＜55
出苗—现蕾	0～40	＞100	80～100	60～80	55～60	50～55	＜50
现蕾—开花	0～40	＞95	85～95	65～85	60～65	55～60	＜55
开花—吐絮	0～40	＞95	80～95	70～80	60～70	55～60	＜55
吐絮期	0～40	＞95	75～95	60～75	55～60	45～55	＜45

表 4-9　　春花生不同生育期土壤墒情评价指标体系

生育时期	评价土壤深度(cm)	墒情等级及土壤相对含水量(%)					
		渍涝	过多	适宜	不足	干旱	严重干旱
播种出苗期	0～20	>95	75～95	60～75	50～60	40～50	<40
幼苗期	0～20	>90	70～90	50～70	45～50	40～45	<40
花针期	0～40	>95	75～95	60～75	55～60	50～55	<50
结荚期	0～40	>95	80～95	60～80	55～60	50～55	<50
饱果成熟期	0～40	>90	75～90	60～75	50～60	40～50	<40

第五节　土壤墒情监测简报的编写

一、编写要求

在获得农田土壤墒情监测数据及建立的土壤墒情评价指标体系的基础上，结合农作物生育期，发布本地土壤墒情监测简报。一般每月发布两次，要在土壤墒情数据获得后的很短时间内完成。若遇干旱或在关键农时应增加发布次数。

编写农田土壤墒情监测简报的主要目的是提供给有关部门指导农业生产，应力求做到三个突出：一是宏观性，要能够为各级领导抗旱救灾指导农业生产提供决策依据；二是技术指导性，要能够为农业技术人员指导农民应用农业技术提供科学依据；三是可操作性，要使农民能够依据墒情报告推荐的技术要点进行农事操作。简报的格式主要根据信息发布对象的需求进行编制，但要发挥时效性和前瞻性作用，主要包括两个方面的内容：一是当前土壤墒情状况，应根据监测数据及作物生长状况，对照农田土壤墒情评价指标体系，对当前的土壤墒情状况进行评价，并根据气象因素对农田土壤墒情发展进行预测；二是农业技术对策，根据土壤墒情状况及发展趋势，结合农时提出耕作、灌溉、施肥等对策措施。

县级农田土壤墒情监测简报是本地农业生产管理的重要科学依据，信息发布的内容要具体，农业生产管理建议要有针对性。基本内容应根据当时的气象、农时和土壤墒情等级评价。在具体分析和编写简报时可以参考四个因素：一是近期气象情况，如降水量及时空分布、气温变化、晴好天气持续日期及大气蒸发情况、灾害性天气情况、未来天气情况预测等；二是当地主导农作物生育时期及春耕、夏种、秋播等关键农时对土壤墒情的要求；三是主要农作物生育时期、关键农时相对应的墒情适宜性评价；四是根据土壤墒情、气候、作物提出肥水管理、抗旱保墒等农业生产措施。

二、编写格式

土壤墒情简报(或信息)

第　期(总第　期)

省　　县　　(单位)　　　　　　　　年　　月　　日

第一部分：

(1)叙述监测周期内本省(本县)的降水状况，给出不同区域、不同利用类型农田土壤平均含水量及相对含水量。

(2)结合主要种植作物的生育期及作物表象，综合评价不同区域、不同利用类型农田土壤墒情状况，并结合短期气象预报，进行土壤墒情预测。

第二部分：

针对农田土壤墒情变化情况，结合当前种植作物的生育期和长势状况以及不同区域特点提出生产指导建议。如果是县级，生产指导建议应具体化，具有可操作性，如需要灌溉，应提出灌水量、灌水时期等。

第三部分：

监测点数据表。

有条件的可以编制土壤相对含水量分布图。

当发生旱情或关键农时时，可把内容进行提炼，以标题形式突出出来。

第五章　农田节水技术应用研究

山东省是水资源严重缺乏的省份之一，水资源总量为 $3.03\times10^{10}m^3$，人均水资源只有 $334m^3$，不足全国人均水平的 1/6。目前，山东省总供水量约 $2.2\times10^{10}m^3$，占总资源量的 73%。由于降水量年际间、年内时空丰枯分布不均，山地丘陵比重大，地形起伏大，流失多，蓄积少，黄河水可用但不可靠，过量用水导致地下水位越来越深，水资源再开发难度大且开发潜力较小。水资源短缺的严峻形势及尖锐的供需矛盾，已经成为制约经济和社会发展、农业可持续发展和种植业结构调整的重要因素。

山东省有"十年九旱"之说，旱灾是最为严重的自然灾害，常年农作物受旱灾面积为 $1.67\times10^6hm^2$。近几年，旱情进一步扩大，给农业生产造成了很大损失。为了提高农田灌溉水和大气直接降水的利用效率，水利、农业各部门做了很多工作，取得了显著成效。一方面，从水源到地头，通过工程节水措施，减少了输水损失，在农业用水量逐年减少的情况下，全省有效灌溉面积却没有减少。另一方面，从地头到田间，通过田间节水、蓄水技术研究和推广，达到了节约灌溉用水、最大限度地利用天上降水以及适度控制田间腾发量的节水、增产、增效的目的。现将山东省近十年来的灌溉节水技术、农艺节水技术、水肥一体化技术的研究成果进行总结，以利各地借鉴，并结合当地实际广泛推广应用。

第一节　农田节水灌溉制度应用研究

节水灌溉是用尽可能少的水投入，取得尽可能多的农作物产出的一种灌溉模式，力求从水资源利用、灌水技术、灌溉制度和灌溉管理上节水，目的是提高水的利用率和水分生产率。根据山东省实际情况，重点对鲁西北地区、黄河三角洲地区灌溉制度进行了研究。

一、鲁西北地区农田高产增效节水灌溉制度研究

鲁西北地区位于山东省西部、北部，主要包括菏泽市、聊城市、德州市三市，是全国和山东省重要的粮、棉、油生产基地。全区属黄河冲积平原，地势平坦，土壤类型以潮土为主，质地多为轻壤土、砂壤土，区内多年平均降水量一般为590mm，属干旱缺水地区，水资源占有量平均为$220m^3/667m^2$，比全省平均水资源占有量的$308m^3/667m^2$低了近1/3，农业灌溉水源以引黄为主、井灌为辅。

由于鲁西北地区是山东省农业生产最集中的地区，农田灌溉用水比重较大，平均多年农业用水量占全部用水量的85%左右，远高于全省65%的平均水平。普遍存在田间大水漫灌、灌溉用水定额较大、农业用水效率低的问题，在一定程度上加剧了鲁西北地区水资源的紧张状况，制约了区域农业可持续发展。因此，研究水资源高效利用节水技术对解决本区水资源短缺、保证区域农业可持续发展具有重要意义。研究分调查分析、田间试验和总水量平衡分析等步骤，最后确定小麦、玉米、棉花高产增效节水灌溉制度。

(一)灌溉用水调查分析

1.冬小麦灌溉用水调查分析。冬小麦是鲁西北地区最主要的粮食作物之一，播种面积居第一位。调查结果显示，该区冬小麦的灌溉方式以畦灌为主，全生育期内灌溉定额大多数为$160\sim230m^3/667m^2$，相应的产量为$350\sim439kg/667m^2$。不同区域冬小麦一次灌水量有明显差异，分别在$30\sim60m^3/667m^2$不等。灌水次数一般为3～4次，极少数地区2次。4次灌水的时间分别在11月下旬或12月上旬一次，主要是小麦越冬水，年后分别在小麦拔节、抽穗、灌浆期间各灌溉一次。3次灌水的时间为小麦拔节、抽穗、灌浆期间各灌溉1次，或者在越冬、抽穗、灌浆期间各灌溉1次。经对调查结果统计分析，冬小麦整个生育期的灌溉定额为$165\sim195m^3/667m^2$时，产量差异不显著。综合考虑冬小麦产量与灌溉定额之间的关系，初步确定冬小麦灌溉定额的合理范围为$165\sim195m^3/667m^2$。

2.夏玉米灌溉用水调查分析。鲁西北地区的气候适于冬小麦一夏玉米一年两熟轮作。夏玉米也是鲁西北主要的粮食作物之一，播种面积居第二位。调查结果显示，夏玉米大都采用沟灌，全生育期内灌溉定额大多数为$60\sim120m^3/667m^2$，相应的产量为$430\sim535kg/667m^2$。灌水次数多数为2次，部分为1次。不同区域夏玉米一次灌水量有明显差异，分别在$30\sim60m^3/667m^2$不等。根据地区的不同，综合产量考虑，玉米的灌溉定额以$80\sim107m^3/667m^2$

为宜。在一般年份，灌溉定额低于 $70m^3/667m^2$ 时，对产量会产生较大影响。

3. 棉花灌溉用水调查分析。棉花是鲁西北地区主要的经济作物之一，播种面积居第三位。调查结果显示，棉花在整个生育期间，灌溉定额为 $110\sim150m^3/667m^2$，相应的产量为 $98\sim130kg/667m^2$（皮棉）。部分棉田受土壤盐分影响较大，播种时有附加用水的要求，区域内一次灌水量差别比较大，分别在 $30\sim55m^3/667m^2$ 不等。灌水次数一般为 2～4 次，灌水时间都集中在苗期和花铃期。综合产量考虑，棉花灌溉用水量以 $120\sim145m^3/667m^2$ 为宜。当棉花的灌溉用水量低于 $110m^3/667m^2$ 时，会造成棉花严重减产。

（二）田间灌溉定额试验研究

在农业用水量和灌溉用水量最大的德州市禹城县和陵县两地进行试验，主要研究不同灌水次数和灌水量组合下主要农作物的生长发育状况及其产量变化情况，充分反映在当地的自然条件下主要农作物的需水过程及不同供水条件对产量的影响，为实现区域内科学、合理的农业灌溉用水和农田节水研究提供科学依据。

1. 试验方法。本次试验选择冬小麦、夏玉米和棉花 3 种农作物，每种作物的灌水试验共设灌水次数、灌溉定额 2 个因子，每个因子根据现状调查情况各分设不同水平，为减小试验误差，每个处理设 3 个重复。对照试验选用当地生产水平较高、普遍采用、具有典型代表性的灌溉模式。试验时间为 2007 年 10 月至 2009 年 7 月。

试验观测项目与测定方法：

(1)灌水量。渠灌区在斗口安装计量设施，用水尺实测灌溉来水量；井灌区用流量计实测。

(2)土壤含水量。土壤含水量采用烘干法，取样深度为 1m，每 20cm 为一土层，每 10 天测一次。灌前、灌后及有较大降雨量时加测。用加权法计算土壤含水量，用水量平衡法测定计算各处理水量。

(3)农作物生长与发育情况。观测自作物播种到成熟各生育期出现的时间、出苗率、株高、叶面积、叶片数、干物重以及粒重等产量指标，以农作物实际产量进行统计。

2. 冬小麦灌溉定额试验研究。鲁西北地区冬小麦一般在每年 10 月上旬播种，次年 6 月 10 日前后收获，全生育期为 260 天左右。生育期正值秋末、冬春及初夏的干旱少雨季节，因此，干旱是冬小麦生长的最主要威胁，其生产对农业灌溉有很强的依赖性，需要进行补充灌溉才能获得较高的产量。

(1)冬小麦灌溉用水试验设计。试验设灌水次数 3 次和 4 次，灌溉定额为

$120m^3/667m^2$、$150m^3/667m^2$、$180m^3/667m^2$、$210m^3/667m^2$ 4 个水平。设灌溉定额为 $160m^3/667m^2$、灌水次数 4 次为对照，灌溉方式选用当地最普遍的畦灌。灌水次数为 3 次时，不同灌溉水平的灌水时间都在拔节、抽穗、灌浆 3 个时期。灌水次数为 4 次时，增加越冬期。试验设计方案如表 5-1 所示。

表 5-1　　冬小麦灌溉定额试验设计方案

处理号	灌溉定额 ($m^3/667m^2$)	各生育期灌水量($m^3/667m^2$)			
		越冬期	拔节期	抽穗期	灌浆期
1	120		40	40	40
2	120	30	30	30	30
3	150		50	50	50
4	150	30	40	40	40
5	180		60	60	60
6	180	30	50	50	50
7	210		70	70	70
8	210	30	60	60	60
9	160	30	50	40	40

试验在田块地势平坦、灌排条件良好的农田进行，每个试验小区的形状为长方形畦田，面积为 $100m^2$，规格为 $2m\times50m$。为减少相互之间横向渗漏的干扰，每个试验小区（特别是不同水分处理）之间设 2m 宽的隔离带。另外，在试验地四周还设置了保护区，保护区宽度在 5m 以上，四周 20m 以内种植的作物均与试验田块种植的作物一致。在具体实施过程中，除试验处理对比因素外，严格控制人为措施和外界条件的一致性，所采用的农业技术措施尽量符合当地较先进的生产水平。

试验小区的布置采用常用的随机区组排列形式，每个试验区 8 个不同处理的三次重复与对照试验的排列采用正交试验完全组合的随机排列方法，具体排列形式如表 5-2 所示。

表 5-2　　试验小区随机排列表

6	3	5	8	4	1	9	7	2
9	5	8	3	1	7	2	6	4
1	2	5	6	9	4	7	8	3

(2)冬小麦灌溉用水试验结果与分析。

①冬小麦耗水情况分析。鲁西北地区冬小麦生育期间耗水量为460mm左右(306.7m^3/667m^2),根据各年的气候条件和灌水条件不同而略有差别。冬小麦生育期内多年平均降水量为157.8mm(105.2m^3/667m^2),75%概率的降水量仅84.8mm,不能满足其耗水需要,补充灌溉才能获得较高的产量。在总耗水量中,蒸腾耗水约占51%,土壤蒸发耗水约占49%,属无效耗水。冬小麦各生育期适宜的土壤相对含水量如表5-3所示。

表5-3 冬小麦各生育期适宜的土壤相对含水量

生育阶段	播种—出苗	出苗—越冬	越冬—返青	返青—拔节	拔节—抽穗	抽穗—灌浆	灌浆—成熟
适宜范围(%)	75~80	60~80	60~80	70~85	70~90	75~85	70~80
灌水指标(%)	60以下	55以下	55以下	60以下	65以下	65以下	65以下

从冬小麦各生育期内阶段耗水量看(见表5-4),拔节—抽穗、开花—灌浆两个时期是耗水的旺盛时期,两个生育期的耗水量共占全生育期耗水量的66%,而试验区多年4、5两月的平均降雨量只有全年降雨量的11.55%。因此,这两个时期是冬小麦一生中灌溉的最重要时期。

表5-4 冬小麦各生育期内阶段耗水量

生育期		冬前	越冬	返青	起身	拔节—抽穗	开花	灌浆	乳熟—收获	全生育期
日期	起	10.6	12.6	2.11	3.3	3.29	5.1	5.23	6.3	10.6
	止	12.5	2.10	3.2	3.28	4.30	5.22	6.2	6.10	6.10
耗水量(m^3/667m^2)		25.6	33.7	12.9	20.4	89.8	72.4	34	7.4	296.2

试验周期内,冬小麦全生育期内耗水量为296.2m^3/667m^2,减去生育期内的多年平均有效降雨105.2m^3/667m^2,应在冬小麦生育期内灌水约191m^3/667m^2,才能充分满足冬小麦对水分的需求。除去区域地下水对土壤水分的补充,冬小麦正常年份的灌溉定额应为150~180 m^3/667m^2。

②灌溉定额与冬小麦产量的关系。不同灌水次数及灌溉定额处理下,冬小麦产量对比分析结果如表5-5所示。

表 5-5　　不同灌水处理冬小麦产量差异性分析

处理号	灌溉定额($m^3/667m^2$)	籽粒产量($kg/667m^2$)	5%水平差异显著性	1%水平差异显著性
禹 1	120	363	b	B
禹 2	120	377	b	B
禹 3	150	442	a	AB
禹 4	150	438	a	AB
禹 5	180	486	a	A
禹 6	180	490	a	A
禹 7	210	493	a	A
禹 8	210	490	a	A
禹 9	160	453	a	A
陵 1	120	382	b	B
陵 2	120	366	b	B
陵 3	150	431	a	AB
陵 4	150	445	a	AB
陵 5	180	488	a	A
陵 6	180	495	a	A
陵 7	210	498	a	A
陵 8	210	492	a	A
陵 9	160	462	a	A

由表 5-5 可见，冬小麦灌溉定额为 150 $m^3/667m^2$、180 $m^3/667m^2$、210$m^3/667m^2$ 水平的产量显著高于灌溉定额为 120$m^3/667m^2$ 的产量，灌溉定额为 150 $m^3/667m^2$、180 $m^3/667m^2$、210$m^3/667m^2$ 3 种不同处理水平之间的差异不显著，灌溉定额为 120$m^3/667m^2$ 的产量与 150$m^3/667m^2$ 的产量之间差异未达到极显著水平，灌溉定额为 180$m^3/667m^2$ 和 210$m^3/667m^2$ 的产量之间基本无差异。因此，冬小麦产量与灌溉定额的相关性分析表明，灌溉定额以 150～180$m^3/667m^2$ 为宜。灌溉定额低于 120$m^3/667m^2$ 时，冬小麦产量呈现出明显的下降趋势。

综合考虑气候条件、水资源状况、生产管理水平、冬小麦产量、灌溉用水效益等多种因素，结合多年的灌溉用水试验资料，在 50%、75%的不同保证率时，冬小麦灌溉定额应在 150$m^3/667m^2$ 和 180$m^3/667m^2$ 较为合适。

3. 夏玉米灌溉定额试验研究。鲁西北地区的夏玉米一般在6月上旬播种，9月底收获，全生育期约120天。夏玉米生长发育过程需水量较大，由于正值雨季，所以缺水量并不大。但是多数情况下由于降雨分布不均，特别是在玉米的需水临界期及其生长发育的关键时期与降雨时段并不完全重合，仍需灌溉。

(1)夏玉米灌溉用水试验设计。试验设灌水次数为2次，分别为拔节期或抽雄期、灌浆期，设灌溉定额为 $60m^3/667m^2$、$80m^3/667m^2$、$100m^3/667m^2$、$120m^3/667m^2$ 4个水平，设灌溉定额为 $80m^3/667m^2$、灌水次数为2次作为对照，灌溉方式选用当地最普遍的沟灌。试验设计方案如表5-6所示。

表5-6　夏玉米灌溉定额试验设计方案

处理号	灌溉定额($m^3/667m^2$)	各生育期灌水量($m^3/667m^2$)		
		拔节	抽雄	灌浆
1	60	30		30
2	60		30	30
3	80	40		40
4	80		40	40
5	100	50		50
6	100		50	50
7	120	60		60
8	120		60	60
9	80	40		40

试验选择的田块灌排条件、小区规格和设定方法、保护措施等同小麦试验。

(2)夏玉米灌溉用水试验结果与分析。

①夏玉米耗水情况分析。鲁西北地区夏玉米全生育期内多年平均耗水量约为400mm($266.7m^3/667m^2$)，期间多年平均降雨量为410mm，有效降雨量为335.12mm。按降雨量与夏玉米全生育期耗水的差值计算，在夏玉米种植过程中，多年平均缺水量在64.88mm($43.3m^3/667m^2$)，但不同县市区平均耗水量也有一定的差异。夏玉米在不同的生育阶段，对水分的需求有较大的差异，苗期需水不多，以拔节到抽雄、灌浆到成熟两个时期耗水量最多，约占全生育期耗水量的一半，这两个时期是夏玉米一生中灌溉的最重要时期。

夏玉米对土壤水分条件要求较高，既怕旱，也怕涝。灌溉试验资料显示，玉米苗期适当干旱(蹲苗)有增产作用,一般不需浇水。拔节到抽雄需水较多,但干旱减产不明显,因为其生殖器官保水能力较强,若干旱在抽雄到灌浆期则减产明显,当土壤相对含水量在40%时,可减产38%。夏玉米全生育期虽然需水量较大,但最怕涝渍,一般当土壤含水量大于田间持水量的80%以上时,生育即会受到不良影响,因此当降雨集中时,随时注意农田排水。夏玉米各生育期需水及土壤适宜相对含水量如表5-7所示。

表5-7 夏玉米各生育期需水及土壤适宜相对含水量

生育期	占总需水量(%)	平均每天需水量($m^3/667m^2$)	土壤相对含水量(%)	
			40%时减产	适宜范围
播种—出苗	3.1~6.1			70~75
出苗—拔节	15~17	1.9~2.5	15	60~75
拔节—抽雄	23~29	2.9~3.5	4	70~75
抽雄—灌浆	14~29	3.3~3.4	38	75~80
灌浆—成熟	19~31	2~3	8~12	65~75

②灌溉定额与夏玉米产量的关系。夏玉米生长所需水分主要由农田灌溉、降水、浅层地下水补充来供应。由此可见,在玉米生长期间,降雨量是影响灌溉用水量的直接因素,德州市不同年份、不同区域的降雨量差别较大,因此,区域内各县市区之间灌溉定额也有较大差别。2008年,夏玉米全生育期内降水较少,试验区属于枯水年的水平。禹城试验区降雨量为278.5mm,其中有效降雨约为212mm,缺水178mm(118.7$m^3/667m^2$),去除浅层地下水的补充,需补充灌溉水量约为100$m^3/667m^2$,才能满足玉米的需求。陵县试验区降雨量为216.5mm,其中有效降雨约为173mm,缺水173.5mm(115.7$m^3/667m^2$),去除浅层地下水的补充,需补充灌溉水量约为100$m^3/667m^2$。但在实际调查中发现,灌溉定额控制在80$m^3/667m^2$的很多农田也取得了较高的产量,与夏玉米灌溉用水试验结果一致。试验区不同灌溉定额处理下夏玉米产量的对比分析结果如表5-8所示。

由表5-8可见,夏玉米灌溉定额为80 $m^3/667m^2$、100 $m^3/667m^2$、120$m^3/667m^2$水平的产量显著高于灌溉定额为60$m^3/667m^2$的产量,灌溉定额为80 $m^3/667m^2$、100 $m^3/667m^2$、120$m^3/667m^2$ 3种不同处理水平之间的差异不显著,灌溉定额为80$m^3/667m^2$的产量与100$m^3/667m^2$的产量之间差异未达到极显著水平,灌溉定额为100 $m^3/667m^2$和120$m^3/667m^2$的产量之间基本无差异。因此,从夏玉米产量与灌溉定额的相关性分析表明,鲁西北地区夏玉米的灌溉定额以 80～100m^3/667m^2 为宜。

表 5-8　　不同灌水处理夏玉米产量统计

处理号	灌溉定额(m^3/667m^2)	籽粒产量(kg/667m^2)	处理号	灌溉定额(m^3/667m^2)	籽粒产量(kg/667m^2)
禹 1	60	396	陵 1	60	399
禹 2	60	390	陵 2	60	391
禹 3	80	468	陵 3	80	472
禹 4	80	478	陵 4	80	476
禹 5	100	496	陵 5	100	491
禹 6	100	501	陵 6	100	495
禹 7	120	503	陵 7	120	498
禹 8	120	506	陵 8	120	503
禹 9	80	485	陵 9	80	488

综合考虑区域气候条件、水资源状况、农业生产管理水平、夏玉米产量、灌溉用水效益等多种因素，在 50%、75%不同保证率时，夏玉米灌溉定额应在 80m^3/667m^2 和 100m^3/667m^2 较为合适。

4. 棉花灌溉定额试验研究。鲁西北地区棉花一般在 4 月中旬播种，10 月底收获，全生育期约 195 天。棉花播种时要提前造墒，生育过程正值雨季，所以，缺水量并不大。但需水临界期及其生长发育的关键时期，多数情况下与降雨时段并不完全重合，仍需灌溉。

(1)棉花灌溉用水试验设计。试验设灌水次数 3 次，分别为苗期、蕾期、花铃期 1 或花铃期 2，设灌溉定额为 100m^3/667m^2、120m^3/667m^2、140m^3/667m^2、160m^3/667m^2 4 个水平，设灌溉定额为 120m^3/667m^2、灌水次数为 3 次作为对照，灌溉方式选用当地棉花种植中最普遍的沟灌，棉花灌溉定额试验设计方案如表 5-9 所示。

表 5-9　　棉花灌溉定额试验设计方案

处理号	灌溉定额(m^3/667m^2)	各生育期灌水量(m^3/667m^2)			
		苗期	蕾期	花铃期 1	花铃期 2
1	100		35	35	30
2	100	30	35	35	

续表

处理号	灌溉定额（$m^3/667m^2$）	各生育期灌水量（$m^3/667m^2$）			
		苗期	蕾期	花铃期1	花铃期2
3	120		45	45	30
4	120	30	45	45	
5	140		45	45	50
6	140	40	45	55	
7	160		55	55	50
8	160	50	55	55	
9	120	30	45	45	

棉花试验田的选择和布设及其试验小区的排列组合方式与冬小麦的随机区组排列形式完全相同。

(2)棉花灌溉用水试验结果与分析。

①棉花耗水情况分析。本次试验期间，棉花全生育期内耗水量为490.1mm($326.7m^3/667m^2$)，期间有效降雨为390.4mm，水分差额为99.7mm($66.5m^3/667m^2$)，与常年基本一致。棉花各生育期内阶段耗水情况如表5-10所示。

表5-10 棉花各生育期内阶段耗水量

生育期		播种	苗期	蕾期	花铃期	吐絮期	全生育期
日期	起	4.15	4.28	6.10	7.6	8.27	4.15
	止	4.27	6.9	7.5	8.26	10.30	10.30
耗水量（$m^3/667m^2$）		5.9	42.9	42.1	155.5	80.4	326.8

试验中，棉花苗期和蕾期10～30cm土壤含水量小于田间持水量的55%为灌水下限。进入花铃期后，棉花植株生长旺盛，气温高，棉株蒸腾作用强烈，是棉花一生中需水最多的时期，当耕作层土壤含水量低于田间持水量的65%时，将导致棉株早衰、蕾铃脱落，严重时植株会停止生长。因此，保持土壤水分占田间持水量的70%以上，每次灌溉以使耕作层土壤达到田间持水量为灌水上线。根据灌溉用水试验，棉花在全生育期内不同生长发育阶段的耗水率及适宜相对含水量统计如表5-11所示。

表 5-11　　棉花不同生育阶段的耗水率及适宜相对含水量

生育期	耗水率(%)	耗水强度[$m^3/(hm^2 \cdot$ 天)]	地面蒸发所占比例(%)	适宜相对含水量(%)
苗期	<15	7.5～22.5	80～90	60～70
蕾期	12～20	22.5～37.5	45～55	65～75
花铃期	45～65	37.5～45	25～30	70～80
吐絮期	10～20	<30	25～30	60～70

②灌溉定额与棉花产量的关系。不同灌水次数及灌溉定额处理下，棉花产量对比分析结果如表 5-12 所示。

表 5-12　　不同灌水处理下棉花产量

处理号	灌溉定额 ($m^3/667m^2$)	皮棉产量 ($kg/667m^2$)	处理号	灌溉定额 ($m^3/667m^2$)	皮棉产量 ($kg/667m^2$)
禹 1	100	57	陵 1	100	55
禹 2	100	58	陵 2	100	59
禹 3	120	87	陵 3	120	90
禹 4	120	89	陵 4	120	87
禹 5	140	105	陵 5	140	106
禹 6	140	99	陵 6	140	103
禹 7	160	115	陵 7	160	116
禹 8	160	112	陵 8	160	118
禹 9	120	103	陵 9	120	108

由表 5-12 可见，灌溉定额为 $120m^3/667m^2$、$140m^3/667m^2$、$160m^3/667m^2$ 处理的皮棉产量显著高于灌溉定额为 $100m^3/667m^2$ 的产量，但灌溉定额为 $120m^3/667m^2$、$140m^3/667m^2$、$160m^3/667m^2$ 3 种不同处理水平之间的差异不显著，灌溉定额为 $120m^3/667m^2$ 的产量与灌溉定额为 $140m^3/667m^2$ 的产量之间差异未达到极显著水平，灌溉定额为 $140m^3/667m^2$ 和 $160m^3/667m^2$ 的产量之间基本无差异。因此，从棉花产量与灌溉定额的相关性分析表明，棉花的灌溉定额以 $120\sim140m^3/667m^2$ 为宜。

综合考虑降水、区域水资源状况、浅层地下水对土壤的补给、生产管理水平、棉花产量、灌溉用水效益等多种因素，在 50%、75%不同保证率时，棉花的灌溉定额应为 $120m^3/667m^2$、$140m^3/667m^2$，较为合适。

（三）田间灌溉定额与水量余缺分析

通过试验区斗口水量平衡情况分析，进一步论证小麦、玉米、棉花灌溉定额的科学合理性。

在德州市试验区典型单元选择斗口，对灌溉来水量用水尺进行实测。试验区典型单元作物的需水量为小麦、玉米、棉花的单位灌溉用水量乘以相应的灌溉面积所得的水量。灌溉用水量低于斗口累计引水量，满足灌溉用水要求。灌溉用水量高于斗口累计引水量，需要进行重新调整灌溉定额，水量平衡结果如表 5-13 所示。

表 5-13　　不同处理条件下试验区斗口灌溉水量平衡表

处理方式	主要作物	灌溉定额（$m^3/667m^2$）	实际灌溉面积（$667m^2$）	灌溉需水量（$\times10^4m^3$）	灌溉可供水量（$\times10^4m^3$）	灌溉用水量平衡（$\times10^4m^3$）	
						余	缺
不充分	小麦	120	1785	21.42	43.2	11.07	
	玉米	60	1785	10.71			
	棉花	100	1020	10.2	12.2	2	
	合计			42.33	55.4	13.07	
适中1	小麦	150	1785	26.78	43.2	2.14	
	玉米	80	1785	14.28			
	棉花	120	1020	12.24	12.2		0.04
	合计			53.3	55.4	2.1	
适中2	小麦	180	1785	32.13	43.2		6.78
	玉米	100	1785	17.85			
	棉花	130	1020	13.26	12.2		1.06
	合计			63.24	55.4		7.84
充分	小麦	210	1785	37.49	43.2		15.71
	玉米	120	1785	21.42			
	棉花	150	1020	15.3	12.2		3.1
	合计			74.21	55.4		18.81

由表 5-13 可见，试验区在各种不同灌溉用水处理下，余缺水量是不同的。

（1）不充分灌溉条件下，余水量为 $1.307\times10^5m^3$，占灌溉可供水量的 23.59%。其中，棉花余水量占灌溉可供水量的 3.61%，玉米和小麦余水量占灌溉可供水量的 19.98%，总供水量富余量较大。从灌水量和作物产量的关系分析可以看出，采用不充分灌溉，作物产量较低。鲁西北地区是山东省和国家重要的商品粮棉生产基地，不充分灌溉将导致农作物产量降低，农民收入下降，对国家粮食安全构成严重威胁。因此，不充分灌溉条件下作物的灌溉定额是不符合当地实际的。

(2)适中1灌溉条件下，余水量为 $2.1\times10^4 m^3$，占灌溉可供水量的3.79%，其中，棉花略有亏缺，小麦和玉米余水量占灌溉可供水量的3.86%，供需水量基本平衡。从灌水量和作物产量的关系分析可以看出，采用适中1灌溉，产量较高。因此，适中1灌溉条件下作物的灌溉定额是合理可行的。

(3)适中2灌溉条件下，缺水量为 $7.84\times10^4 m^3$，占灌溉可供水量的14.15%，其中，棉花缺水量占灌溉可供水量的1.91%，小麦和玉米缺水量占灌溉可供水量的12.24%，总供水量明显不足。另外，从灌水量和作物产量的关系分析可以看出，适中2灌溉作物产量虽有所增加，但与适中1灌溉相比差异不显著，由于水资源条件不能满足，所以，在实际生产中难以实现。

(4)充分灌溉条件下，缺水量为 $1.881\times10^5 m^3$，水量缺失较大，作物在此灌溉条件下的产量与适中2灌溉基本无差异，在该灌溉条件下造成了水资源的大量浪费，因此，充分灌溉条件下的灌溉定额是不科学的。

把上述四种不同灌溉条件下作物平均产量与灌溉定额、灌溉需水量以及灌溉可供水量平衡的水量余缺结果进行对比分析，结果如图5-1所示。

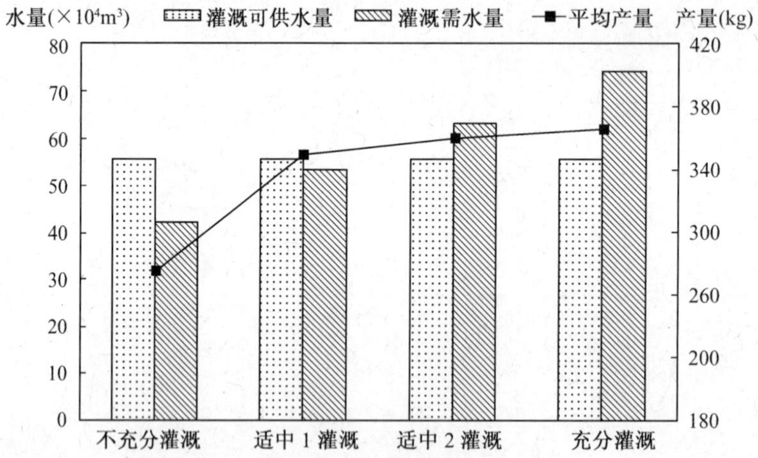

图5-1 不同灌溉定额下试验区斗口的作物平均产量与余缺水量平衡关系

(四)主要农作物高产增效节水研究结论

1.主要农作物高产增效节水灌溉定额研究结论。通过田间灌溉定额试验及试验区斗口的作物平均产量与余缺水量平衡关系分析得出，鲁西北地区在保证率为50%时，冬小麦高产增效节水灌溉定额为 $150m^3/667m^2$、夏玉米

为 $80m^3/667m^2$、棉花为 $120m^3/667m^2$。

把主要农作物灌溉用水调查统计结果、灌溉用水试验结果、试验区水量平衡结果进行分析比较可以看出，研究确定的主要农作物灌溉定额明显小于调查统计结果中多数农民的用水量，平均冬小麦节约灌溉用水为 $17m^3/667m^2$、夏玉米为 $3m^3/667m^2$、棉花为 $7m^3/667m^2$。冬小麦是鲁西北地区主要种植作物，播种面积大，仅实施高产增效节水灌溉定额一项，农田节水的潜力就非常巨大。但研究确定的冬小麦、夏玉米灌溉定额要比《山东省农业灌溉用水定额》中颁布的主要农作物灌溉用水定额大，以 50%保证率为例，山东省制定的(II 区一鲁北平原区)小麦净灌溉定额为 $135m^3/667m^2$、夏玉米净灌溉定额为 $70m^3/667m^2$，分别多出 $15m^3/667m^2$、$10m^3/667m^2$，棉花净灌溉定额为 $120m^3/667m^2$，与研究结果相同。灌溉用水试验结果表明，研究确定的主要农作物灌溉定额满足了作物高产增效及节水的目的，且符合鲁西北地区水资源现状。以当前的灌溉水平，冬小麦、夏玉米要达到《山东省农业灌溉用水定额》标准存在相当大的难度，且产量难以提高。应在目前的用水水平下，逐步引导并推行既满足农业灌溉用水的高效利用又切实可行的农田水肥高效利用技术(见表 5-14)。

表 5-14　主要农作物灌溉用水调查与试验结果汇总

分析项目	合理范围	冬小麦灌溉定额 ($m^3/667m^2$)	夏玉米灌溉定额 ($m^3/667m^2$)	棉花灌溉定额 ($m^3/667m^2$)
灌溉用水调查结果	低值	165	80	120
	高值	195	107	145
	加权平均	167	83	127
灌溉用水试验结果	$p=50\%$	150	80	120
	$p=75\%$	180	100	140
	水量允许值	150	80	120
山东省灌溉定额标准(净)	$p=50\%$	135	70	120
	$p=75\%$	170	96	145
	差值($p=50\%$)	−15	−10	0
	差值($p=75\%$)	−10	−4	5

2. 主要农作物高产增效节水灌溉制度。农田灌溉是农作物优质高产高效的一项基本措施和保证条件，如何用尽可能少的水量投入，取得尽可能多的农作物产出，是节水灌溉的目标。

鲁西北地区属于引黄灌区，虽然春季干旱缺水，但在每年春季灌溉时，除引黄灌区下游个别区域外，都有基本的引水保证。区域内冬小麦生育期内灌水次数一般为3～4次，每次为$35\sim50m^3/667m^2$，灌溉时间可根据土壤墒情选择在冬前、返青、拔节、孕穗、灌浆等生育阶段进行。如果3次灌溉能满足需求，冬小麦全生育期关键的灌溉时间应在冬前、返青一拔节、抽穗期。在水资源严重不足地区，节水灌溉的重点是确保小麦需水关键时期用水和干旱期供水。若水源条件允许浇2次水，应根据当年的降雨与农业供水情况，灌冬水和拔节水或灌拔节水和孕穗水。若水源条件只允许浇1～2次水，则应灌拔节水或孕穗水。每次灌水定额为$40\sim50m^3/667m^2$。

在夏玉米节水栽培管理中，鲁西北地区6月上旬常因降雨来迟而延误播期，播种前后浇水是确保适时播种、苗全苗壮的关键。抽雄至灌浆期是夏玉米需水量最多时期，此期若遇干旱会造成“卡脖旱”，对产量有严重影响。一般年份夏玉米需要浇2次水，即抽雄水和灌浆水，干旱年需增加一次播期水，湿润年在灌浆期浇1次水即可。套种玉米的灌水量要小，一般为$20\sim25m^3/667m^2$，把小麦灌浆水和夏玉米的底墒水合为1次水。高产玉米要控制拔节前灌水量，根据灌溉用水试验的结果，鲁西北地区夏玉米每次灌溉的灌水量不宜超过$45m^3/667m^2$。

鲁西北地区棉花生长期需水量较大，一般年份有效降雨量能满足其正常生长的需求，但年际间降水量差异大，应及时根据土壤含水量与降雨情况的变化进行灌溉。花铃期和吐絮期是棉花生理活动最强的时期，耗水量也处于全生育期高峰，是棉花灌溉的重要时期。遇伏旱时也需要浇一次蕾期水或铃水。浇水量不宜过大，一般为$30\sim40m^3/667m^2$，避免土壤水分过多而使蕾铃脱落。麦棉套种的棉花5月上旬的移栽期正值小麦灌浆期，棉花营养钵移栽时要结合浇水，一水两用，对小麦灌浆和棉苗成活都很有利，花铃期再浇一水。

二、黄河三角洲地区春季压盐灌水定额及节水灌溉制度研究

黄河三角洲地区位于山东省东北部，是以黄河历史冲积平原和鲁北沿海地区为基础，向周边延伸扩展形成的经济区域。该地区不仅是我国目前最具发展潜力的地区，也是国家区域协调发展战略的重要组成部分，在我国沿海经济布局中具有重要战略地位。黄河三角洲地区土地资源优势突出，地理区位条件优越，自然资源较为丰富，生态系统独具特色，产业发展基础较好，具有发展高效生态经济的良好条件。但是，由于黄河三角洲成陆时间短，生态

系统发育不成熟且受环境影响大，对外界因子的抗干扰能力较弱，在自然和人为作用的双重影响下，生态系统发育的正常秩序和环境常被打乱，处于不稳定状态。

引黄灌区作为黄河三角洲地区的特殊区域，不仅提供了当地最主要的淡水资源，还以农田水利体系为纽带，把灌区范围沟通成一个整体，成为对黄河三角洲自然生态系统影响最大的人类活动，对该区域生态系统与环境演变起着十分重要的作用。黄河三角洲引黄灌溉自1953年开始，经历了试办、大办、停灌、复灌和稳定发展的曲折过程，由最初的大引、大蓄、大灌导致地下水位上升、土壤次生盐碱化而停办，1965年因严重干旱复灌，到目前基本实现稳定发展。引黄灌溉几十年坎坷的发展历程说明黄河三角洲发展引黄灌区的重要性，同时也反映出黄河三角洲地区生态环境对农业灌溉活动的敏感性。

（一）不同灌水定额对土壤水盐运动影响研究

土壤的盐渍化问题和灌溉引起的土壤次生盐渍化问题，长期以来一直是制约黄河三角洲地区农业生产发展的主要障碍因子之一。本试验重点对春季灌水定额对土壤水盐运动规律及地下水位动态变化进行研究。

1. 试验方法与项目测定。在滨州市小开河灌区内的惠民、阳信、无棣、滨城等多点进行灌水试验，土壤类型主要为盐化潮土，作物主要为冬小麦，时间为一年两个月。为保持试验的一致性，准确了解不同灌水定额对土壤剖面中水盐运动变化特点，试验安排在同一种类型农田进行，选择3个试验地块，每个地块选取5个样点，取样深度为150cm，其中0～120cm每20cm为一个层次，120～150cm为一个层次。

取样时间与春季第一次麦田灌溉时间同步，分别选取灌水定额为$45m^3/667m^2$、$60m^3/667m^2$、$80m^3/667m^2$的3个处理，灌水方式1号、2号样地采用小白龙移动式灌溉，3号样地采用当地普遍使用的畦灌，灌溉前后测定土壤水分和盐分变化。研究区域浅层地下水埋深一般为1.8～2m。

土壤全盐量的测定按照土水比（质量比）为1∶5提取，提取液直接用笔式电导仪测定EC，根据EC与土壤全盐量间的关系换算出土壤全盐量。土壤含水量测定用铝盒取样，烘干法测定。

2. 不同灌水定额的土壤水分及盐分变化。黄河三角洲地区降水量年际变化大，年蒸发量大于年降水量，在不同年份，冬春两季蒸发量大于降水量，为其16～38倍。在强烈蒸发影响下，盐分向地表聚积而发生积盐。雨季虽然是自然淋盐时期，但如果发生渍涝，又会抬高地下水位，加剧秋季积盐过程，土壤水盐运动又受到埋藏较浅且矿化度较高的浅层地下水影响，土壤水盐动态十分复杂。农业灌溉与节水直接影响到土壤盐分在区域内的重新分配。

(1)春季灌溉前试验区土壤盐分状况。农田中土壤水分受到灌溉、降雨、土壤类型以及大气条件等多种因素的影响，1号试验地由于灌溉试验期间降雨量小，只有2mm降雨，忽略降雨对灌溉用水的影响。在2号、3号试验地，灌溉试验期间有5～8mm的有效降雨，在试验中给予考虑。各处理土壤及大气条件差异不大，灌溉用水皆为黄河引水，因此，可忽略上述各因子的影响。所以，土壤含水量的时空分布主要受灌溉用水量的影响。

第一次春季灌溉前，3个土壤剖面土壤含水量、全盐量分布趋势差别不大，基本上是土壤水分含量表层低、深层高，土壤全盐量表层高、底层低，盐分表聚现象较明显。春季灌溉前，3个试验地土壤剖面中盐分分布状况如表5-15所示。

表 5-15 灌溉前土壤剖面全盐量 单位:g/kg

土层(cm) 试验地	0～10	10～20	20～40	40～60	60～80	80～100	100～120	120～150
1	1.97	1.78	1.37	1.78	1.86	1.88	1.98	2.03
2	2.31	2.02	1.89	1.88	1.9	1.92	2.01	2.11
3	3.08	2.45	2.01	2.01	2.17	2.64	2.53	2.78

(2)春灌后不同时段土壤剖面盐分动态。春季灌溉后，3个试验地的表层及0～60cm土体中，土壤全盐量迅速减少，在60cm以下各土层的全盐量差异逐渐加大，且随灌水定额不同，其差异有逐渐增大的趋势。以1号试验地土壤剖面盐分监测为例，当灌水定额为$45m^3/667m^2$时，灌溉后，土体中大量盐分集中分布在60～100cm的土体范围内，为在春季干旱条件下返盐创造了一定条件，土壤水盐运动情况如图5-2所示。从图中可以看出，灌溉后，表层土壤盐分迅速下降，灌后第1天达到最低水平，但是在春季干燥、土壤水分蒸发强烈的条件下，从灌后第2天开始，表层土壤的盐分开始缓慢增加，到灌溉后第6天，土壤表层和土体中的盐分反而超出灌前土壤的水平，试验期间没有降雨，上述结果是在田间自然蒸发的条件下进行的。试验地除麦苗外，没有进行任何形式的覆盖。

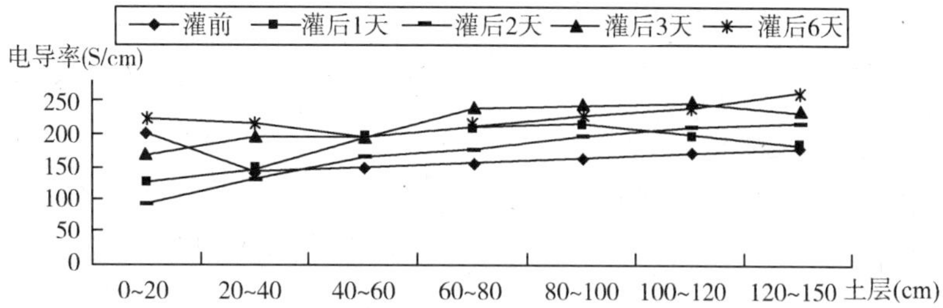

图 5-2 45m³/667m² 灌溉后不同时段土壤剖面盐分运动情况

在 2 号试验地灌水量为 60m³/667m² 的处理中，灌后 0～80cm 土体中的全盐量迅速下降，灌后 3 天土壤开始有返盐现象，但是返盐速度较 1 号试验地灌水定额为 45m³/667m² 的处理缓慢。由于期间有 6mm 的降雨，使灌溉 6 天以后的土壤盐分运动失去一定的可比性。但是在随后持续的观测中发现，土壤盐分增加趋势明显减缓。灌溉 20 天后，土体中的盐分才基本接近灌前的水平。从图 5-2 和图 5-3 的对比分析中可以看出，不同的灌溉定额，其盐分主要积累的土层也有所差异，灌水定额越大，土壤剖面中盐分下移层次越深，盐分淋洗效果越明显。

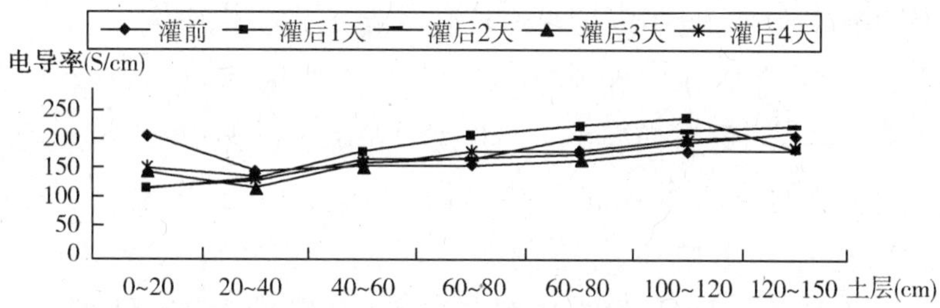

图 5-3 60m³/667m² 灌溉后不同时段土壤剖面盐分运动情况

在 3 号试验地，灌前土壤盐分含量较高，土壤表面可见明显盐斑。当灌水定额为 80m³/667m² 时，灌后土壤水盐运动规律与 2 号试验地基本一致，灌溉后 0～60cm 土层土壤全盐量迅速减少。试验表明，经 80m³/667m² 灌溉水量处理后，土壤剖面中盐分下移层次深，盐分淋洗效果明显，灌后土壤返盐缓慢(见图 5-4)。

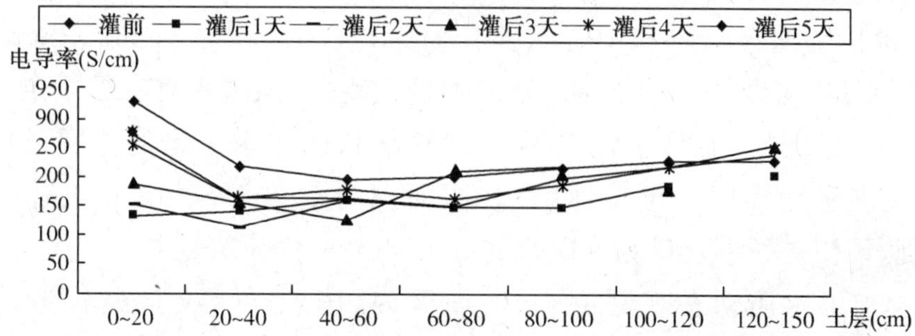

图 5-4 80m³/667m² 灌溉后不同时段土壤剖面盐分运动情况

3. 研究结论。

(1)春灌前,多数农田 0～10cm 表层土壤全盐量较高,盐分表聚现象十分明显,盐分在 10～60cm 逐渐减少,在 60cm 土层以下,全盐量又逐渐升高。

(2)春季不同灌水定额对土壤水盐运动有明显影响,当灌水定额为 $45m^3/667m^2$ 时,虽然灌后土壤盐分迅速下降,但灌溉后第 6 天,土壤盐分反而超出灌前水平。因此,在春季蒸发强烈的黄河三角洲地区不宜采用小水量灌溉。当灌水定额为 $60m^3/667m^2$ 时,灌溉后,土体中盐分下降迅速,盐分基本下移到 100cm 土层以下,土壤返盐现象明显趋缓。因此,适当增加春季麦田的灌溉用水量,可在一定程度上减少土壤盐分蒸发,利于作物生长。当灌水定额为 $80m^3/667m^2$ 时,灌溉后,土体中的盐分迅速下降,但在灌水 1～2 天后,土壤表面依然存在积水现象,对质地较黏重的土壤,大定额灌溉后,农田排水问题值得关注。

(3)盐渍土壤春季较适宜的灌水定额约为 $60m^3/667m^2$,要达到最好的灌溉控盐效果,可在春季第一次灌溉后 8～10 天补充 1 次小水灌溉,灌水量为 5～$10m^3/667m^2$,以喷灌效果最好,可明显抑制土壤返盐。

(二)不同灌水条件下区域浅层地下水位及盐分变化研究

地下水动态变化是在一定时期内,各种自然因素和人为因素随时间综合影响的直接结果。受引黄灌区长期、大规模水资源开发等人类活动的干扰,改变了区域内的自然景观和下垫面条件,地下水系统也进入受灌区水利体系与水利活动强烈影响下的新的演化时期。在实施节水条件下,农田生态势必发生变化,研究科学的农田节水技术,对保护生态环境和农业生产发展具有重大意义。

1. 试验与观测。灌区地下水位动态观测:1999～2004 年,在小开河引黄灌区由南向北沿输沙干渠、沉沙池、输水干渠为主线进行布点。选取位于小开河灌区范围内的 18 眼滨州市地下水观测井进行了 6 年的追踪监测。在从渠首至沉沙池 51.3km 输沙干渠的范围,设观测井 8 眼,该区域共有支渠 14 条,观测范围为灌区上游和中游的部分地区,观测面积为 $66669.9hm^2$。在灌区中游4.16km 长的沉沙池两侧,分设 4 眼观测井,该区域有支渠 4 条,观测面积为 $6142.62\ hm^2$。在沉沙池以下 36.04km 长的输水干渠的范围,设观测井 6 眼,观测范围为灌区的下游地区,观测面积为 $77007.48hm^2$。上述 18 眼观测井的地下水位每 5 天观测一次。

浅层地下水质动态观测:小开河灌区内,按不同水文地质构造、土壤特征和浅层地下水的水化学特征,从 18 眼观测井中选取 8 眼井在进行水位观测的同时进行水质监测分析，取样时间分别为春季引黄末期（5 月底）、夏季（7 月中旬）、秋季引黄末期（11 月中旬）和冬季引黄末期（1 月中旬），分析项目包括 Na^{+}、K^{+}、Ca^{2+}、Mg^{2+}、Cl^{-}、SO_4^{2-}、CO_3^{2-}、HCO_3^{-} 的含量、离子总量和矿化度。

2. 区域浅层地下水位变化。

（1）节水区浅层地下水位变化。在长期进行农业节水的区域，由于干渠和大部分支渠采用防渗衬砌，田间采用各种节水灌溉形式，农田灌溉用水量一般控制在 $60\sim80m^3/667m^2$。在这些地区，常年引黄灌溉对地下水位的年内动态变化的影响较小。

该区域内地下水位年内动态变化特征是每年出现一次波谷和波峰，出现波谷和波峰的时间与年降雨量的曲线变化相吻合，与引黄灌溉的灌水时间及灌水定额之间没有明显的关系。小开河引黄灌区节水区降雨量、蒸发量与地下水位变化情况如图 5-5 所示，图中所示水位用海拔高度表示（下同）。

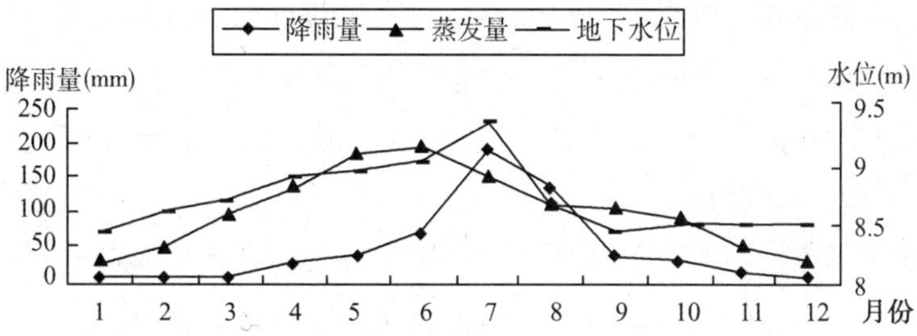

图 5-5 小开河灌区节水区降雨量、蒸发量与地下水位变化情况

根据观测资料的研究分析，节水区域浅层地下水位主要受降水和蒸发的影响，引黄灌溉对灌区浅层地下水位的年际变化没有明显影响。在地下水埋深较浅和地下水矿化度较高的黄河三角洲地区，采用农田节水、渠道防渗等措施，可以有效防止灌区部分区域内浅层地下水位的升高和土壤次生盐渍化的产生，并对灌区浅层地下水环境有一定程度的改善。

（2）非节水区浅层地下水位变化。在没有进行节水控制区域，浅层地下水位的变化则受降水量大小和引黄灌溉两种因素的影响，地下水位在年内一般出现 2 个峰值。一个峰值是在引水流量超过 $35m^3/s$、持续引水 10 天以上时，尤其是每年的 3、4 月（春灌期），会明显导致地下水位的上升，上升幅度一般为 15～25cm，持续引水时间越长，地下水位上升越明显。另一个峰值是出现在降雨量最大的 7、8 月（见图 5-6）。

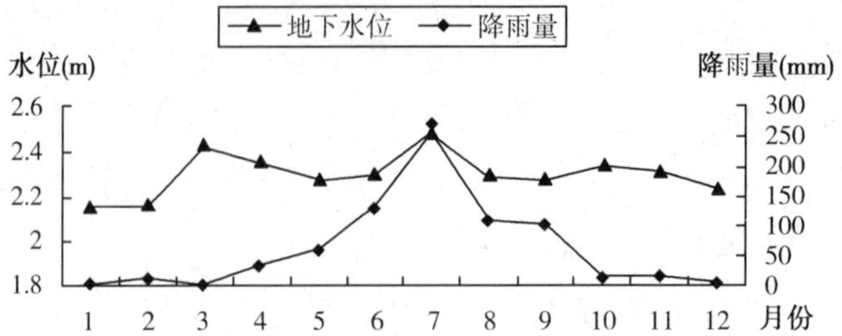

图 5-6 小开河灌区非节水区地下水位年内动态变化情况

由此可见，在灌区下游没有进行节水衬砌的支渠控制区域，引水流量超过 $35m^3/s$、持续引水 10 天以上时，会造成地下水位的明显上升。因此，在灌溉节水改造不完善的引黄灌区，避免长时间、大流量的渠道引水，减少农田灌水定额，控制农田灌溉用水量，是避免地下水位上升的有效方法。

3. 浅层地下水水质与矿化度分析。对小开河灌区内 8 眼水质观测井进行的水质分析结果表明，引黄灌溉后，灌区内不同区域的浅层地下水水质发生了不同程度的变化，这种区域性变化与所处地形有紧密的联系。位于灌区地形相对较高的上中游地区，浅层地下水水质得到明显改善，离子总量、矿化度等指标呈现出逐年下降的趋势(以 91A、108A 观测井为例)，距渠首越近，地形越高，浅层地下水的淡化作用越明显。相反，位于灌区下游、地形低洼的区域和沿海地区(以 68A，61A 观测井为例)，浅层地下水的离子总量、矿化度呈现出逐年上升的趋势(见图 5-7)。

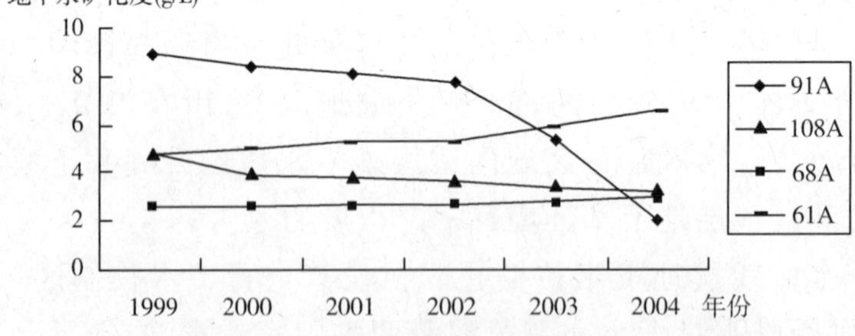

图 5-7 小开河灌区地下水质变化趋势

4. 区域土壤盐分变化。黄河三角洲地区蒸发量远大于降水量，土壤淋洗作用微弱，而蒸发浓缩作用较为强烈，为土壤和地下水中的盐分向上迁移并积聚地表创造了条件，易形成盐渍化土壤。由于黄河地势较高，是黄河三角洲地区的分水岭，区域内盐渍土壤的分布状况从各引黄灌区的渠首向下游有逐渐增加的趋势。相应的，土壤含盐量也由渠首向下游呈现出上升的趋势。

在灌区内，浅层地下水中的可溶性盐分沿灌区内和地形倾斜方向一致的潜水流向重新分布，即土壤和浅层地下水中的盐分向地势低洼和灌区下游区域汇集，出现重新分布的趋势。

位于水土条件较好的灌溉区域，受常年引黄灌溉的影响，除个别区域性洼地外，区域内浅层地下水埋深一般大于 2m，地下水矿化度逐年下降，地下水淡化现象明显，土壤整体呈现出明显的脱盐趋势。在这部分土地，由于有良好的灌排条件，节水与非节水地块之间的土壤盐分没有明显变化。在灌溉季节，土壤含盐量随土层深度加大而增加，大量盐分没有排出土体，为蒸发返盐也创造了条件。

在灌区上中游区域低洼地和下游大面积范围内，区域浅层地下水埋深一般在 1.5m 左右，局部地区为 1.3m。区域内浅层地下水位和地下水矿化度较高，农田灌溉洗盐压盐效果明显，土地质量及其生产性能迅速提高。这部分区域的土地受水资源条件的限制，在耕地与未利用地之间频繁转换，干旱年份垦殖后撂荒现象十分普遍，土壤表层返盐严重，土地退化现象明显。当水资源缺乏时，一次灌水量为 40～50m^3/667m^2 时，只能把大量的盐分压在 60cm 的土层以下，在黄河三角洲强烈的土壤蒸发条件下，会迅速返盐，影响区域内农作物生长，应引起高度重视。

（三）黄河三角洲农田适度节水灌溉制度

农作物生长条件下农田水盐运动是一个复杂的大系统，土壤、水分、盐分、作物各因子间相互制约和耦合。黄河三角洲水资源严重短缺，生态环境脆弱，合理的农田节水、用水管理与调控对区域生态环境改善和修复具有重要作用。研究黄河三角洲高产、节水、控盐的农田适度节水技术，是实现黄河三角洲区域可持续发展的重要基础。

1. 冬小麦适度节水灌溉制度。黄河三角洲受季风气候影响，盐渍土在干旱季节时，耕作层盐分上升，是造成小麦产量低而不稳的主要原因。冬小麦田在整个生育期内有 2 个返盐高峰，即冬前和春季，春季尤为严重。冬小麦适度节水技术就是控制灌溉用水量和用水时间，春季灌溉淋洗土壤盐分，是保证冬小麦获得丰收的关键。试验结果显示，黄河三角洲地区冬小麦第一次春灌的灌水定额以 60m^3/667m^2 为宜，这样可以将土壤盐分有效地压到土体 100cm 以下的深度，可有效防止土壤返盐现象。如果第一次春灌的灌水定额为 45m^3/667m^2，则表层盐分基本聚集在 70～80cm 深的土层中，会在较短时间向根系运动聚集，影响小麦生长，并发生土壤返盐。

根据区域内农户冬小麦灌溉日期和平均灌水量农户调查表（见表 5-16），结合灌溉试验，对惠民、无棣的冬小麦灌溉制度进行了优化(见表5-17)。在增加一次灌水次数的前提下，不增加灌水量并节水，每667m² 可节约灌水15～65m³。

表5-16 冬小麦灌溉日期和平均灌水量农户调查表

调查区	惠民			无棣		
	灌水日期	灌水量($m^3/667m^2$)	灌溉定额($m^3/667m^2$)	灌水日期	灌水量($m^3/667m^2$)	灌溉定额($m^3/667m^2$)
调查1	2007-11-24	65	200	2007-11-25	105	325
	2008-03-19	75		2008-03-20	120	
	2008-04-21	60		2008-04-22	100	
调查2	2007-11-23	60	205	2007-11-24	85	275
	2008-03-20	80		2008-03-21	100	
	2008-04-22	65		2008-04-20	90	

表5-17 冬小麦优化灌溉的日期和平均灌水量

惠民			无棣		
灌水日期	灌水量($m^3/667m^2$)	灌溉定额($m^3/667m^2$)	灌水日期	灌水量($m^3/667m^2$)	灌溉定额($m^3/667m^2$)
2007-11-24	60	185	2007-11-25	70	260
2008-03-19	60		2008-03-20	80	
2008-03-28	15		2008-03-28	30	
2008-04-21	50		2008-04-22	80	

2.棉花适度节水灌溉制度。黄河三角洲滨海盐渍土以棉花种植为主，棉田一般于播前25～30天压盐造墒，通过灌水洗盐来降低耕层土壤含盐量，同时还兼有造墒作用，满足棉花出苗对水分的要求。当地农民对灌水压盐这一措施十分重视，并普遍采用。

确定高效节水的棉花播前灌水定额，主要根据土壤盐分含量的高低，在土壤盐分为1～3g/kg时，灌水量以60m³/667m² 为宜，灌后及时进行精细整地，以充分保持土壤墒情。在春季水资源极为短缺的情况下，可进行冬灌，并做好春季保墒工作。棉花播种时造墒充足，苗期一般不浇水，灌溉时间多在6月中下旬。根据灌溉试验，对黄河三角洲区域内棉花灌溉制度进行优化(见表5-18)，每667m² 可节水35～50m³。

表 5-18 棉花优化灌溉的日期和平均灌水量

调查区	惠民			无棣		
	灌水日期	灌水量 ($m^3/667m^2$)	灌溉定额 ($m^3/667m^2$)	灌水日期	灌水量 ($m^3/667m^2$)	灌溉定额 ($m^3/667m^2$)
现状	2008-04-05	50	170	2008-04-06	60	190
	2008-06-12	60		2008-06-11	70	
	2008-07-23	60		2008-07-23	60	
优化 1	2008-04-05	50	160	2008-04-06	60	180
	2008-06-12	60		2008-06-11	60	
	2008-07-23	50		2008-07-23	60	
优化 2	2008-04-05	60	125	2008-04-06	60	140
	2008-06-12	65		2008-06-11	80	

第二节 农艺节水技术应用研究

生产实践证明，合理地降低腾发量是农艺节水的主要途径。影响腾发量的因素很多，有耕作方式、田面覆盖情况、作物群体量大小、灌溉制度及灌溉方法、栽培措施、作物品种等因素，还与日照时数、空气湿度、干燥度、蒸发量等气象因素有很大关系。因此，腾发量在不同年份、不同地域，会因作物品种、栽培措施和气候的变化而变化，但它有一个相对稳定的临界值，低于这个临界值，作物正常的生理代谢就会受阻，生长就会受到影响。在基本不影响农产品产出量的前提下，通过研究耕作、覆盖、灌溉及栽培等非气候的一系列农艺节水技术措施来降低作物的腾发量，使其达到或接近达到这一临界值，从而实现农艺节水的目的，这也是农业节水的关键所在。2001～2004 年，在山东省的莱州、即墨、历城、招远等县(区、市)，对农田节水效果影响比较大的一些措施，如深耕深松、控制密度、秸秆覆盖、畦面调整等开展了田间试验研究和示范，从节约灌溉用水、增加土壤蓄水能力、合理控制蒸腾和蒸发、水肥耦合作用等方面探索出了不同农艺措施的节水潜力以及技术指标。

一、田间灌水技术研究

(一)小麦畦田规格调整技术

试验地在莱州市，土壤类型为潮棕壤，质地为轻壤土，种植制度为小麦—

玉米。

1.试验设计。

试验设6个处理,分别为:①畦长40m、畦宽1.5m;②畦长40m、畦宽2m;③畦长80m、畦宽1.5m;④畦长80m、畦宽2m;⑤畦长120m、畦宽1.5m;⑥畦长120m、畦宽2m(CK)。

每个处理面积为667m^2,不设重复。畦面坡度为4/1000,小麦品种为8901,播前基施复合肥50kg/667m^2,起身时追施尿素20kg/667m^2,全生育期共畦灌起身水、挑旗水2次。

2.结果与分析。

(1)灌水质量指标的变化。评价灌水质量一般采用田间水利用率、灌溉水储存率以及灌水均匀度3个技术指标。其中,灌水均匀度是一个最基本的、便于评价的质量指标。本试验以灌水均匀度、灌水定额评价各处理的灌水质量。试验中,灌溉方式用塑料软管输水到畦首,水头推进到剩余距离占畦长的20%～30%时及时改畦。第1次灌水时,测定了各种畦面规格的灌水时间,计算出灌水定额,根据入渗水量监测结果,计算出灌水均匀度(见表5-19)。

表5-19　　小麦不同畦面规格的灌水质量指标

畦面规格	灌水时间(min/667m^2)	灌水定额(mm)	灌水后土壤含水量(%)		灌水均匀度(%)	全生育期灌溉定额(mm)
			畦首	畦尾		
畦长40m、宽1.5m	71	39	22.4	20.6	92.0	78
畦长40m、宽2m	79	43	22.5	20.3	90.2	86
畦长80m、宽1.5m	108	59	22.6	18.5	81.1	118
畦长80m、宽2m	116	64	22.8	18.1	79.4	128
畦长120m、宽1.5m	120	66	22.9	17.6	76.4	132
畦长120m、宽2m	125	69	23.0	17.4	73.7	158

从表5-19来看,不同畦田规格与灌水质量、灌水量有密切关系,畦越短、窄灌水质量越高,节水量越大。同为40m畦长,1.5m宽较2m宽节水8mm,灌水均匀度提高1.8个百分点;同为80m畦长,1.5m宽较2m宽节水10mm,灌水均匀度提高1.7个百分点;同为120m畦长,1.5m宽较2m宽节水26mm,灌水均匀度提高2.7个百分点。同为1.5m畦宽,40m畦长比80m、120m节水40mm、54mm,灌水均匀度提高10.9个百分点和15.6个百分点;同为2m畦宽,40m畦长比80m、120m节水42mm、72mm,灌水均匀度提高10.8个百分点和16.5个百分点。

(2)不同畦面规格对水分生产率的影响。长畦改短畦、宽畦改窄畦,由于灌水时间缩短，灌水定额减小，缩小了渠首、渠尾渗入量的差距，明显提高了灌水质量，灌水效应发挥得比较充分。因此，小麦长势均匀，整齐度提高。灌水定额虽然减小，而小麦产量差距并不大，水分生产率却有明显提高。随着麦畦加长以及畦宽的增加，灌水定额增加，水分生产率逐渐降低。对小麦不同畦面的水分生产率进行方差分析，处理间 $F=25.137^{**}$，试验处理达到极显著差异水平（见表 5-20）。

表 5-20 小麦不同畦面规格的水分生产率

畦面规格	总供水量			土壤耗水量(mm)	腾发量(mm)	产量(kg/667m²)	水分生产率(kg/mm)
	降水量(mm)	灌溉水量(mm)	合计(mm)				
畦长 40m、宽 1.5m	218.1	78	296.1	53.9	350	419.5	1.199
畦长 40m、宽 2m	218.1	86	304.1	49.7	353.8	419.3	1.185
畦长 80m、宽 1.5m	218.1	118	336.1	33.4	368.5	427	1.159
畦长 80m、宽 2m	218.1	128	346.1	27.6	375.5	426.3	1.135
畦长 120m、宽 1.5m	218.1	132	350.1	29.3	378.1	427.2	1.130
畦长 120m、宽 2m	218.1	158	376.1	16.2	392.3	428	1.091

试验中，小麦产量的影响因素除畦面长度的调整带来的水分因素外，另一个原因是随着畦面宽度的调整，缩小了小麦的行距，调整之前畦宽 2m，播 10 行小麦，平均行距为 0.2m。调整之后畦宽 1.5m，播 8 行小麦，平均行距为 0.1875m，这样就充分利用了土地和光能资源。

3. 推广应用。

山东省小麦长畦、宽畦种植非常普遍，试验证明，麦田畦块改造后节水效果十分明显，是所有农艺措施中节水潜力最大的一项技术。同时，因肥随水移动，所以，节水的同时也节约了肥料。建议在生产中注重推广长畦改短、宽畦改窄技术。对长畦改短灌溉设施不具备的地区，应推广长畦短灌技术，将长畦划分为若干不打横向畦埂的小段，用软管将水送入各段灌溉，采用软管输水时灌水，通常由远及近。长畦分段灌溉减少了田间渠道，节约了耕地，便于农机作业，易为农民接受。

根据试验和山东省的实际情况，建议小畦灌溉的畦面宽度：机井提水灌区以 1～2m 为宜，自流灌区以 2～3m 为宜。地面坡度为 1/1000～1/400 时，单宽流量为 2～4.5L/s. m，灌水定额为 20～45m³/667m²。机井和高扬程提水灌区畦长以 30～40m 为宜，自流灌区畦长以 30～50m 为宜，最长不超过 70m，这样灌水均匀度在 80％以上，一般也不会发生深层泄漏。灌水时要注意及时改畦，一般水流的剩余距离占畦长的20%～30%时，就要改畦。

(二)减少小麦灌溉次数技术

试验地在莱州市，土壤类型为潮棕壤，质地为轻壤土，种植制度为小麦—玉米。

1.试验设计。

试验设5个处理，分别为：①不浇水(CK)；②浇1次水(拔节水)；③浇2次水(越冬水、拔节水)；④浇3次水(越冬水、拔节水、扬花水)；⑤浇4次水(越冬水、拔节水、扬花水、灌浆水)。

每个处理面积为333.5m²，播前旋耕机旋耕2遍，深度为15cm，品种为莱州3279，播种量为7.5kg/667m²。秋季基施复合肥50kg/667m²，春季追施尿素20kg/667m²。各处理灌溉水量按习惯灌溉，灌溉的日期及灌溉水量如表5-21所示。

表5-21　不同浇水次数的灌溉日期及灌溉水量

处　理	越冬水(12/12)	拔节水(20/3)	扬花水(27/4)	灌浆水(24/5)	合计(mm)
不浇水					
浇1次水		72			72
浇2次水	39	60			99
浇3次水	39	60	40.5		139.5
浇4次水	39	60	40.5	37.5	177

注：(12/12)为(12日/12月)，下同。

2.结果与分析。

(1)不同浇水次数对小麦产量的影响。不同的浇水次数及灌溉定额，会影响小麦的生长发育及产量。随着浇水次数的增加，小麦产量随之增加，但增产幅度逐渐减小。经方差分析，处理间$F=62.119^{**}$，达到了极显著差异水平。经LSD法多重比较，浇4次水和浇3次水之间差异不显著，但均与其他处理达到了显著差异水平(见表5-22)。

表5-22　浇水次数对小麦产量的影响

处　理	重复1(kg/667m²)	重复2(kg/667m²)	重复3(kg/667m²)	平均产量(kg/667m²)
不浇水	281.5	309.4	305.2	298.7
浇1次水	370.1	373	365.2	369.4
浇2次水	398.8	412.3	376.3	395.8

续表

处 理	重复1 (kg/667m²)	重复2 (kg/667m²)	重复3 (kg/667m²)	平均产量 (kg/667m²)
浇3次水	418.5	421.7	431.4	423.9
浇4次水	436.6	430.5	427.6	431.6

(2)不同浇水次数对水分生产率的影响。从不灌水到2次水，水分生产率逐渐提高(见表5-23)，浇2次水时达到最大值，以后，随着浇水次数和灌水量的继续增加，水分生产率逐渐降低。这是由于适当的浇水，尤其是前期浇水，促进了小麦的营养生长以及根系的吸收能力，有利于水分效应的发挥。经方差分析，处理间 $F=21.082^{**}$，达到了极显著差异水平。经LSD法多重比较，浇水1、2、3次各处理之间差异不显著，但均与不浇水的差异极显著，与浇1次水的差异达到了显著差异水平。

表5-23　　小麦不同浇水次数的水分生产率

处 理	总供水量 降水量 (mm)	总供水量 灌溉水量 (mm)	总供水量 合计 (mm)	土壤耗水量 (mm)	腾发量 (mm)	产量 (kg/667m²)	水分生产率 (kg/mm)
不浇水	218.1	0	218.1	95.9	314	298.7	0.951
浇1次水	218.1	72	290.1	41	331.1	369.4	1.116
浇2次水	218.1	99	317.1	18.2	335.3	395.8	1.18
浇3次水	218.1	139.5	357.6	5.7	363.3	423.9	1.167
浇4次水	218.1	177	395.1	2.6	397.7	431.6	1.085

腾发量随浇水次数和灌水量的增加明显升高。4次灌水的腾发量比不灌水多腾发83.7mm，分别比浇1、2、3次水多腾发66.6mm、62.4mm、34.4mm。

3.推广应用。

从节水、水分生产率、产量、效益等各方面综合衡量，在一般平水年份，小麦灌水次数应掌握在2～3次，是否灌越冬水视底墒情况而定，在拔节期、孕穗期各灌溉一次，每次灌水定额为35～50m³。枯水年份，一般小麦底墒不足，可在越冬前、拔节期、孕穗期灌溉3次。丰水年份，灌水1～2次，可在拔节期、孕穗期灌溉。

二、土壤蓄水保墒技术研究

(一)小麦深耕蓄水技术

试验地在莱州市,土壤类型为潮棕壤,质地为轻壤土,种植制度为小麦—玉米。

1. 试验设计。

试验设3个处理,分别为:①深耕30cm并深松10cm;②深耕30cm;③常规浅耕15cm(CK)。

每个处理面积为667m^2,深耕30cm并深松10cm用55kW履带式拖拉机牵引深耕深松犁耕作,深耕30cm用55kW履带式拖拉机牵引五铧犁耕作,常规浅耕15cm是当地常规耕作方式,用18kW拖拉机牵引旋耕机旋耕两遍。小麦品种为8901,播种量为7.5kg/667m^2。播种前基施复合肥50kg/667m^2(16—16—16),春季追施尿素20kg/667m^2。

2. 结果与分析。

(1)不同耕深对土壤蓄水量的影响。小麦播种以后,试验点降水34.9mm,2天后测定土壤含水量,结果如表5-24所示。不同耕翻深度对0~40cm土层土壤含水量影响明显,蓄水效果有较大差异。耕翻30cm并深松10cm的处理比常规浅耕15cm的处理每667m^{2}多蓄水13.42m^3,深耕30cm的处理比常规浅耕15cm的处理每667m^{2}多蓄水10.81m^3。在深耕30cm的基础上,深松10cm由于疏松了土壤,蓄水效果最明显。

表5-24 不同耕深的土壤蓄水量情况

处理	0~15cm		15~30cm		30~40cm		0~40cm合计
	土壤含水量(%)	蓄水量(m^3)	土壤含水量(%)	蓄水量(m^3)	土壤含水量(%)	蓄水量(m^3)	蓄水量(m^3)
耕翻30 cm并深松10cm	18.8	23.13	19.2	25.15	18.5	17.14	65.42
深耕30cm	18.9	22.68	19.2	24.58	10.3	15.55	62.81
常规浅耕15cm	18.7	23.19	12.4	18.1	10.5	10.71	52

注:蓄水量(m^3)=土壤含水量(%)×土层厚度(m)×666.7(m^2)×该层土壤容重(g/cm^3)÷水的比重(g/cm^3)

(2)不同耕深对土壤物理性状的影响。小麦收获时,根据耕作深度分5个层次测定了0~100cm土层的土壤容重和孔隙度。3个处理中,0~15cm土层因都经过了耕作,各处理间变化不大,但15cm以下有明显变化。深耕30cm

并深松 10cm 和深耕土层 30cm 2 个处理与常规浅耕 15cm 相比，明显降低了土壤容重、提高了土壤毛管孔隙度，2 个处理 15～30cm 的土壤容重平均为 1.3g/cm³，毛管孔隙度为 44.1%，比常规浅耕 15cm 容重 1.46g/cm³ 下降了 0.16g/cm³，毛管孔隙度 39.71%增加了 4.39 个百分点。30～40cm 土层深耕 30cm 并深松 10cm，与其他 2 个处理相比，明显改善了土壤物理性状，降低了土壤容重，提高了毛管孔隙度，增加了土壤“库容”(见表 5-25)。

表 5-25　　不同耕深对土壤物理性状的影响

处理	土层 (cm)	容重 (g/cm³)	总孔隙度 (%)	毛管孔隙度 (%)	通气孔隙度 (%)
深耕 30 cm 并深松 10cm	0～15	1.23	53.74	48.67	5.07
	15～30	1.31	50.64	43.89	6.75
	30～40	1.39	47.4	40.99	6.41
	40～60	1.55	41.62	36.58	5.04
	60～100	1.61	39.4	33.21	6.19
深耕 30cm	0～15	1.2	54.6	48.79	5.81
	15～30	1.28	51.62	44.3	7.32
	30～40	1.51	43.17	37.31	5.86
	40～60	1.6	39.81	33.48	6.33
	60～100	1.63	38.6	32.63	5.97
常规浅耕 15cm	0～15	1.24	53.4	47.98	5.42
	15～30	1.46	44.98	39.71	5.27
	30～40	1.53	42.11	35.42	6.69
	40～60	1.57	40.64	34.82	5.82
	60～100	1.62	38.94	32.9	6.04

(3)不同耕深对小麦生长发育及产量的影响。试验中，深耕深度不同，冬前分蘖量变化幅度不大，这是由于小麦在冬前苗期根系下扎较浅，主要吸收表层的肥水，耕作层以下土壤性状的变化，对小麦苗期生长影响不大。但到了小麦拔节前后，分蘖群体的差距明显拉大，深耕 30cm 并深松 10cm、深耕 30cm 处理比常规浅耕 15cm 的分蘖量分别增加了 10.8%和 8.8%，单株分蘖分别增加了 0.6 个和 0.47 个。但由于小麦群体的自我调节能力较强，抽穗后穗数的差距又明显缩小。

合理深耕打破了多年耕作形成的犁底层，疏松了土壤，改善了作物生长环境，促进了小麦个体发育。试验中，经深耕30cm并深松10cm和深耕30cm处理，小麦次生根数量、叶面积系数、单株干重、光合作用强度等比常规浅耕15cm都有明显增加，进而促进了小麦干物质日积累量、单位面积积累量及产量的增加（见表5-26至表5-28）。

经测产，深耕30cm并深松10cm和深耕30cm的处理分别比常规浅耕15cm的处理增产32.58kg和28.08kg，增产率分别为9.27%和7.99%。从小麦产量来看，深耕的效果可影响到第二年播种的小麦产量，增产约5%。经对各处理小麦产量进行方差分析，处理间$F=6.946^{**}$，达到了显著差异水平。经LSD法多重比较，深耕30cm并深松10cm和深耕30cm处理的小麦产量之间无显著差异，但均与常规浅耕15cm的处理达到了显著差异水平。

据此建议，在生产中可隔年在小麦秋种前深耕一次，深度要达到30cm左右，如有条件，深耕的同时，可在耕作层以下再深松10cm，这样土壤蓄水能力会更强。

表5-26　　不同耕深小麦的群体结构

处理	基本苗（万/667m²）	冬前分蘖（万/667m²）	最大分蘖（万/667m²）	单株分蘖（个）	穗数（万/667m²）	成穗率（%）
深耕30cm并深松10cm	15.76	69.70	105.85	6.72	42.18	39.85
深耕30cm	15.77	68.81	103.93	6.59	41.38	39.82
常规浅耕15cm	15.6	68.33	95.53	6.12	41.2	43.13

表5-27　　不同耕深小麦的根系、叶片和单株干重

处理	起身期(12/3)			拔节期(27/3)			抽穗期(27/4)		
	次生根（条）	单株干重(g)	叶面积系数	次生根（条）	单株干重(g)	叶面积系数	次生根（条）	单株干重(g)	叶面积系数
深耕30cm并深松10cm	12.3	0.492	2.1	20.9	2.058	3.01	38.2	2.58	7.63
深耕30cm	12.3	0.476	2.06	20.8	1.99	2.94	37.5	2.53	7.13
常规浅耕15cm	10.6	0.482	1.97	19.2	1.862	2.82	26.4	2.333	5.91

表 5-28 不同耕深小麦的干物质积累

处理	越冬前(8/10～3/12)		越冬～起身(4/12～4/3)		拔节期(13/3～27/3)		抽穗期(28/3～27/4)		灌浆期(28/4～18/6)		生物产量(kg/667m²)	经济产量(kg/667m²)
	积累量(kg/667m²)	日积累量(kg/667m²)	积累量(kg/667m²)	日积累量(kg/667m²)	积累量(kg/667m²)	日积累量(kg/667m²)	积累量(kg/667m²)	日积累量(kg/667m²)	积累量(kg/667m²)	日积累量(kg/667m²)		
深耕30cm并深松10cm	59.9	1.07	460.9	4.61	347.3	23.15	220.1	7.1	272.1	5.23	1360.3	383.99
深耕30cm	59.2	1.06	435.5	4.36	328.8	21.92	223.4	7.21	257.6	4.95	1304.5	379.49
常规浅耕15cm	58.8	1.05	401.5	4.02	306.8	20.45	194.1	6.26	252.6	4.86	1213.8	351.41

多年来，习惯的浅旋耕作方式使土壤耕深一直徘徊在15cm左右，土壤犁底层十分明显，严重影响了土壤的蓄水、保水能力，抑制了小麦根系下扎和对深层肥水的吸收。小麦深耕30cm，特别是深耕30cm并深松10cm，可以打破多年形成的犁底层，增加土壤水“库容”，增强土壤对水分的调控功能，促进小麦对深层水分的利用，对节水增产意义重大，具有广阔的推广应用前景。

（二）小麦秸秆留茬覆盖保墒技术

试验地点分别在即墨市普东卫星农场，土壤类型砂姜黑土；历城区华山镇，土壤类型潮褐土。试验连续三年进行秸秆还田效果研究。

1.试验设计。

试验设3个处理，分别为：①小麦高留茬（历城区为35cm、即墨市为22cm）；②小麦低留茬（历城为12cm、即墨为5cm）；③小麦秸秆本田全量覆盖。

试验小区面积为667m²，不设重复。在玉米整个生育期观测土温（5cm、10cm、15cm、20cm），测定气温（近地表20cm）、土壤含水量（0～20cm）。土温、气温在观测日分上午8时（A8）、下午2时（P2）两次观测，并记载当日气候情况。土壤含水量每7天测定一次。同时，记载试验期间作物生育期主要生长情况，测定土壤养分，收获前考种测产。

2.结果与分析。

（1）小麦秸秆还田对地温的影响。统计结果表明，玉米整个生育期内，5cm、10cm、15cm、20cm地温观测结果平均值是：全覆盖依次为27℃、25.9℃、

25.6℃、25.5℃，高留茬为 27.2℃、26.1 ℃、25.9℃、25.6℃，低留茬为 27.3℃、26.2 ℃、25.9℃、25.7℃，低留茬比全覆盖平均高 0.3℃，比高留茬略高，约高出 0.1℃。低留茬、高留茬和全覆盖 8 月底（玉米大喇叭口期）前的地温与整个生育周期相比明显高，平均高出 1.7℃，其中低留茬和高留茬比全覆盖高出 0.2℃。三种处理在 5cm、10cm、15cm、20cm 不同深度地温依次降低，以 5cm 为基准，低留茬每 5cm 分别降低 1.1℃、1.4℃、1.6℃，高留茬每 5cm 分别降低 1.2℃、1.3℃、1.6℃，全覆盖每 5cm 分别降低 1.1℃、1.4℃、1.5℃，处理间基本无差异。试验说明，秸秆覆盖可以影响地温变化，覆盖量与地温呈负相关，但影响程度不大。

(2)小麦秸秆还田对气温的影响。在玉米整个生育期，据历城区观测点距地面 5cm 处气温显示，处理间有差异，上午 8 时全覆盖最高，高留茬次之，低留茬较低。下午 2 时全覆盖高，高留茬和低留茬相同。距地面 30cm 处气温显示，上午 8 时全覆盖高，下午 2 时全覆盖有高有低，无规律。

(3)小麦秸秆还田对土壤含水量的影响。从表 5-29 测定结果可以看出，小麦秸秆全覆盖土壤含水量高于高留茬，高留茬高于低留茬。两年两地测定结果是全覆盖平均为 15.1%（n=43，下同），高留茬平均为 14.8%，低留茬平均为 14.3%，全覆盖比高留茬、低留茬分别高出 0.3 个百分点和 0.8 个百分点。其中在少雨年份，历城区全覆盖比高留茬、低留茬分别高出 0.7 个百分点和 1.1 个百分点，说明秸秆还田量越大，地面覆盖越多，保持土壤水分效果越好。

表 5-29 小麦秸秆还田试验气温及土壤含水量统计结果

观测地点	观测时间	A8(℃)			P2(℃)			含水量(%)		
		低留茬	高留茬	全覆盖	低留茬	高留茬	全覆盖	低留茬	高留茬	全覆盖
历城区	2003 年	30	30.2	30.2	34.1	34.1	34	12.8	13.5	13.9
	2004 年	27.1	27.5	27.6	31.9	31.9	32.2	18.6	18.8	19.1
即墨市	2003 年	27.9	27.8	27.8	31.2	31.2	31.2	13.9	14.3	14.5
	2004 年	28.8	28.8	28.8	35.9	35.9	35.9	12.7	13.4	13.7

(4)小麦秸秆还田对抑制杂草的作用。田间杂草调查结果表明，全覆盖的杂草数量明显少于高留茬和低留茬，高留茬少于低留茬。据历城区调查，全覆盖处理每平方米杂草数为 89 株，高留茬为 94 株，低留茬为 152 株。即墨市全覆盖处理每平方米杂草数为 28 株，高留茬为 35 株，低留茬为 45 株，说明秸秆还田量越大，对杂草的抑制效果越好。

(5)小麦秸秆还田对土壤养分的影响。通过历城区、即墨市3年土壤养分结果分析，秸秆还田能显著提高土壤有机质和速效钾含量，连续3年全覆盖比低留茬有机质分别高0.27个百分点和0.31个百分点，全覆盖比高留茬有机质分别高0.05个百分点和0.28个百分点。全覆盖比低留茬速效钾分别高13 mg/kg和22mg/kg，全覆盖比高留茬速效钾均高3mg/kg。高留茬比低留茬有机质、速效钾均有提高，但变化幅度较大。有效磷及碱解氮变化无明显规律。

(6)小麦秸秆还田对产量的影响。全覆盖和高留茬比低留茬的作物产量有一定的提高，全覆盖与高留茬相比较，三年两地互有高低。在少雨年份，全覆盖和高留茬比低留茬的作物产量增产高，多雨年份增产不明显。历城区全覆盖和高留茬比低留茬的作物产量平均提高6.8%，即墨市提高8%。

3.推广应用。多年的实践证明，小麦收获后秸秆全部覆盖是对秸秆资源的最佳利用，既减少了劳动量，又减少了灌水量，培肥了地力，可谓一举多得。目前，小麦机收基本普及，玉米机收面积逐年扩大。应大力提倡小麦、玉米秸秆全部还田，禁止秸秆焚烧。

(三)苹果园秸秆覆盖保墒技术

试验地在莱州市，土壤类型为棕壤亚类。果树品种为红富士，树龄8年，密度为55株/667m^2。

1.试验设计。

试验设2个处理，分别为：①小麦秸秆覆盖树盘，厚度约15cm；②不覆盖(CK)。

各处理面积为667m^2，处理1在苹果发芽期将小麦秸秆均匀地覆盖在苹果树冠下，秸秆数量约为500kg/667m^2。浇水、施肥、防治病虫、疏花疏果、果实套袋等田间管理同一般果园管理。试验以当地习惯灌溉制度为主，共灌溉7次，灌溉定额为214.5mm。

2.结果与分析。

(1)覆盖对水分生产率的影响。根据苹果根系较深的特点，测定了0～20cm、20～40cm、40～60cm、60～80cm共4层的土壤水分变化，计算每次灌溉和较大降水前后的土壤水分腾发量。表5-30中，对照区水分腾发量为785.34mm，秸秆覆盖区为629.99mm，秸秆覆盖比对照减少腾发量155.35mm，占常规栽培下苹果水分腾发量的19.78%。苹果产量方面，秸秆覆盖比对照增产291kg/667m^2，水分生产率提高1.489kg/mm，经t检验，处理之间的苹果产量和水分生产率都有极显著差异。

表 5-30　　苹果水分腾发量及产量表

处　理	供水量 降水水量 (mm)	供水量 灌溉水量 (mm)	供水量 合计 (mm)	土壤耗水量 (mm)	腾发量 (mm)	产量 (kg/667m^2)	水分生产率 (kg/mm)
秸秆覆盖	544.6	214.5	759.1	−129.11	629.99	3564	5.657
秸秆不覆盖	544.6	214.5	759.1	26.24	785.34	3273	4.168

(2)苹果对土壤水的利用情况。苹果秸秆覆盖后,一年中的腾发量占总供水量(降水与灌溉水之和)的 82.99%,说明补充的水量只利用了 83%左右,另外的 17%左右(129.11mm)下渗到 80cm 土层以下。与其相反,不覆盖的腾发量占总供水量 103.46%,说明补充的水量没有满足苹果腾发对水分的需求,另有 26.24mm 的水是从深层土壤中吸收来的,对照区消耗了土壤深层水分。

(3)苹果秸秆覆盖的节水效果。试验期间天气干旱,一年中最大的一次降雨也只有 64.1mm,只相当于浇 1 次水的水量,既没有形成地面径流,也没有多余的降水补充到土壤深层。这样的气候条件下,加之灌溉次数较多,有利于秸秆覆盖后保墒作用的发挥。从 15 次土壤水分监测情况来看,每次灌溉和降水之前监测,秸秆覆盖的含水量都明显高于地面裸露的 2～4 个百分点,秸秆覆盖对于减轻水分地面蒸发具有显著的效果。

3. 推广应用

苹果是灌溉用水大户,普遍存在灌溉次数偏多的问题,并且果园地势较高,灌溉成本也较高。实行果园秸秆覆盖节水技术,成本较低,简单易行,可减少浇水 1～2 次,是一项较好的节水措施。但果园秸秆覆盖技术的推广受到易发生火灾、清园困难等不利因素的制约,可通过秸秆压土等方式解决。近年来,在胶东地区开展的果园种植鼠茅草也有明显的节水效果,具有较好的发展前景。

三、减少作物蒸腾技术研究

(一)小麦群体控制技术

试验地在莱州市,土壤类型为潮棕壤,质地为轻壤土,种植制度为小麦一玉米。

1. 试验设计。

试验设 3 个处理,分别为:①减少常规茎数的 20%～25%;②减少常规茎数的 10%～15%；③常规茎数为 110 万～120 万/667m²(CK)。

各处理面积为 667m²，主要通过调整播种量和肥水控制春季分蘖期的总茎数，3 个处理对应的播种量分别为 5.5kg/667m²、6.5kg/667m²、7.5kg/667m²。播前旋耕 2 遍，深度为 15cm，品种为 8901，每 667m² 基施复合肥 50kg，春季追施尿素 20kg。全生育期共灌溉 2 次，分别为返青水 71.6mm，挑旗水 40.5mm，总灌溉定额为 112.1mm。

2.结果与分析。

(1)小麦密度对腾发量的影响。从表 5-31 看，小麦密度决定了群体大小，小麦群体不同，水分腾发量有较大差异。在小麦苗期，水分消耗是以地面蒸发为主，群体小的处理地面裸露多，蒸发量大，腾发量也大。返青以后，小麦开始封垄，水分消耗逐渐以蒸发、蒸腾并重转向以叶面蒸腾为主。群体越大，叶面积系数越大，腾发量也就越大。由于返青后的腾发量占全生育期总腾发量的 80%左右，所以，从小麦的整个生育期来看，叶面蒸腾起主导作用，群体越大，总腾发量也就越大。在试验中，减少常规茎数 20%～25%的处理比常规茎数的总腾发量减少了 40.87mm，占常规茎数总腾发量的 11.03%；减少常规茎数 10%～15%的处理比常规茎数的总腾发量减少了 34.71mm，占常规茎数总腾发量的 9.36%。试验表明，减少茎数对降低小麦的水分腾发量具有明显的作用。

表 5-31　　小麦密度对腾发量的影响

处理	冬前阶段(8/10～3/12)		越冬期(4/12～4/3)		返青—拔节(5/3～19/3)		拔节—抽穗(20/3～5/5)		抽穗—成熟(6/5～18/6)		总腾发量(mm)
	腾发量(mm)	日腾发量(mm)	腾发量(mm)	日腾发量(mm)	腾发量(mm)	日腾发量(mm)	腾发量(mm)	日腾发量(mm)	腾发量(mm)	日腾发量(mm)	
减少常规茎数 20%～25%	33.17	0.582	33.81	0.372	13.04	0.869	145.96	3.105	103.80	2.56	329.78
减少常规茎数 10%～15%	33.07	0.58	34.69	0.381	12.81	0.854	154.76	3.293	100.61	2.286	335.94
常规茎数 110 万～120 万	31.11	0.546	34.44	0.378	13.44	0.896	177.69	3.78	113.97	2.591	370.65

(2)小麦密度对生长发育的影响。小麦密度试验的关键是控制好小麦的基本苗、冬前分蘖、最大分蘖的群体数量。试验中，首先调整了播种量，把基本苗控制在试验要求范围内，分别比 CK 减少了 24.1%和 13.8%。但小麦具有较强的自我调节能力，越冬期调查，冬前分蘖量差距明显缩小，分别比 CK 减少 9.8%和 4.6%，为此，春季返青前后，通过划锄断根，使最大分蘖量控制在要

求范围内，分别比CK减少21.8%和12.2%，达到了试验设计对小麦分蘖群体的要求。群体小的处理由于减少了无效分蘖，大蘖占的比例大，比群体大的处理分蘖成穗率提高(见表5-32)。

表5-32 小麦密度对群体结构的影响

处理	基本苗（万/667m^2）	冬前分蘖（万/667m^2）	最大分蘖（万/667m^2）	单株分蘖（个）	穗数（万/667m^2）	成穗率(%)
减少常规茎数20%～25%	13.54	75.2	88.99	6.57	39.02	43.85
减少常规茎数10%～15%	15.37	79.61	99.93	6.5	40.64	40.67
常规茎数110万～120万	17.84	83.41	113.87	6.38	41.18	36.16

单位面积群体的减少，缓解了小麦植株个体之间争夺肥水的矛盾，使有限的肥水和空间得到了较好的利用，有利于培育健壮单株。群体小的处理在各个生育阶段都表现为根系发达，单株干重增加。叶面积系数变化则以拔节期为转折点，拔节以前群体小的处理虽然单株叶面积大，但因群体的差距，叶面积系数小于群体大的处理。拔节后则反之，群体小的处理因单株发育好，叶片宽大，叶面积系数由小转大。单株干重的变化则从小麦起身期开始，减少茎数的处理与常规群体处理相比，干物质积累量、日积累量以及成熟后的生物产量都有提高(见表5-33和表5-34)。

表5-33 小麦密度对根系、叶片和单株干重的影响

处理	起身期(12/3)			拔节期(27/3)			抽穗期(27/4)		
	次生根（条）	单株干重(g)	叶面积系数	次生根（条）	单株干重(g)	叶面积系数	次生根（条）	单株干重(g)	叶面积系数
减少常规茎数20%～25%	12.1	0.537	1.95	20.7	2.043	2.78	38	2.536	6.29
减少常规茎数10%～15%	11.8	0.463	2.01	19.9	1.898	2.86	36.5	2.343	6.76
常规茎数110万～120万	10.5	0.414	2.17	18.6	1.802	3.09	25.9	2.237	5.62

表 5-34　　小麦密度对干物质积累的影响

处理	越冬前(8/10～3/12) 积累量(kg/667m²)	日积累量(kg/667m²)	越冬～起身(4/12～4/3) 积累量(kg/667m²)	日积累量(kg/667m²)	拔节期(13/3～27/3) 积累量(kg/667m²)	日积累量(kg/667m²)	抽穗期(28/3～27/4) 积累量(kg/667m²)	日积累量(kg/667m²)	灌浆期(28/4～18/6) 积累量(kg/667m²)	日积累量(kg/667m²)	生物产量(kg/667m²)	经济产量(kg/667m²)
减少常规茎数20%～25%	58.7	1.05	419.6	4.2	318.9	21.26	192.3	6.20	302.1	5.81	1291.6	376.71
减少常规茎数10%～15%	59.1	1.06	413.6	4.14	308.6	20.57	180.9	5.84	294.6	5.67	1256.8	369.46
常规茎数110万～120万	60.3	1.08	411.1	4.11	270.7	18.05	179.1	5.78	212.5	4.08	1133.7	342.23

(3)小麦密度对产量的影响。小麦收获时,每个处理取3次重复考察小麦产量(见表5-35)。经方差分析,处理间 $F=23.437^{**}$,达到了极显著差异水平。经LSD法多重比较,茎数减少20%～25%和茎数减少10%～15%之间差异不显著,但均与常规每667m² 茎数110万～120万的达到了极显著差异水平。减少常规茎数的处理,无效分蘖少,成穗率高,减少了对肥水的无效消耗,每667m² 产量分别比对照增加34.48kg和27.23kg,增产率分别为10.08%和7.96%,增产效果明显。

表 5-35　　小麦密度对产量的影响

处理	重复	穗数(万/667m²)	穗粒数(粒)	千粒重(g)	产量(kg/667m²)	平均产量(kg/667m²)	增减(kg)	增幅(%)
减少常规茎数20%～25%	1	38.1	20.9	47.6	379.03	376.71	34.48	10.08
	2	39.1	20.1	47.6	374.09			
	3	39.8	19.9	47.6	377			
减少常规茎数10%～15%	1	38.8	19.4	48.1	362.06	369.46	27.23	7.96
	2	41.5	19.1	48.1	381.26			
	3	41.7	18.2	48.1	365.05			
常规茎数110万～120万	1	39.9	18.1	47.4	342.32	342.23		
	2	41.9	17.4	47.4	345.57			
	3	41.8	17.1	47.4	338.81			

(4)小麦密度对水分生产率的影响。由表5-36可以看出,不同处理的总供水量是一致的,但腾发量却差别较大。减少茎数的2个处理的腾发量和供水量基本相等,没有大量吸收原有土壤水。而常规茎数的腾发量大于供水量的12.25%,从土壤深层吸收了40.45mm的水。茎数不同,水分生产率也有较大差异,减少茎数的2个处理分别比常规茎数的处理提高了0.219kg/mm和0.177 kg/mm。经方差分析,处理间 $F=106.975^{**}$,达到了极显著差异水平。多重比较表明,茎数减少20%~25%和茎数减少10%~15%处理之间差异不显著,但都与常规茎数的处理达到了极显著差异水平。

表5-36 不同小麦密度的水分生产率

处理	供水量			土壤耗水量(mm)	腾发量(mm)	产量(kg/667m²)	水分生产率(kg/mm)
	降水量(mm)	灌溉水量(mm)	合计(mm)				
减少常规茎数20%~25%	218.1	112.1	330.2	−0.42	329.78	376.71	1.142
减少常规茎数10%~15%	218.1	112.1	330.2	5.74	335.94	369.46	1.100
常规茎数110万~120万	218.1	112.1	330.2	40.45	370.65	342.23	0.923

3.推广应用。

小麦不同生物群体对作物产量、田间腾发量等有很大影响,但在获取最高产量和最大水分生产率的前提下,不是群体越小越好。试验表明,减少常规茎数的20%~25%及减少常规茎数的10%~15%的小麦的水分腾发量与常规茎数110万~120万/667m² 相比,具有明显降低水分腾发量的作用,减少水分腾发量的10%左右,但2个处理差别不大。从小麦的整个生育期观测结果看,总腾发量叶面蒸腾起主导作用,群体越大,总腾发量也就越大。减少常规茎数110万~120万/667m² 的20%~25%即总茎数85万~95万/667m²,生物产量、经济产量、经济效益最高,减少腾发最小。所以,以减少常规茎数20%~25%的为最佳总茎数。控制群体可通过播量、播期、中耕等管理措施来实现。

(二)小麦喷施FA旱地龙技术

试验地在招远市,土壤类型为潮棕壤,质地为轻壤土,种植制度为小麦一玉米。

1. 试验设计。

试验设4个处理，分别为：①喷施3次，小麦起身期、拔节期、灌浆期；②喷施2次，小麦起身期、拔节期；③喷施1次，小麦起身期；④不喷施(CK)。

处理面积为667m^2，每次用FA旱地龙100g，兑水30～40kg，叶面喷洒。喷施FA旱地龙的时间是：小麦起身期的3月18日、拔节期的4月10日、灌浆期的5月2日。

2. 结果与分析。

(1)FA旱地龙对小麦腾发量的影响。抑制和减少植物体内水分蒸腾是FA旱地龙的主要作用之一。为观察其效果，在试验中，分别于4月15日、5月13日两次测定了各处理0～20mm、20～40mm的土壤含水量(见表5-37)。从4月15日土壤含水量的测定值比较看，喷施FA旱地龙2次和1次，分别比不喷的高出1个百分点、0.6个百分点。从5月13日土壤含水量的测定值比较看，喷施FA旱地龙3次、2次和1次，分别比不喷的高出0.91个百分点、0.85个百分点和0.28个百分点。土壤含水量的变化，说明由于喷施FA旱地龙，小麦的水分腾发量减少。

表5-37　　FA旱地龙对小麦腾发量的影响

处理	4月15日土壤含水量			5月13日土壤含水量		
	0～20cm (%)	20～40cm (%)	平均 (%)	0～20cm (%)	20～40cm (%)	平均 (%)
喷施3次				8.81	10.62	9.72
喷施2次	7.31	10.25	8.78	8.75	10.56	9.66
喷施1次	7.06	9.7	8.38	8.03	10.14	9.09
不喷(CK)	6.24	9.31	7.78	7.58	10.03	8.81

(2)FA旱地龙对小麦发育的影响。小麦喷施FA旱地龙后，影响到了小麦的生长发育，4月15日、5月13日两次取每个处理10个单株，测定小麦主要生长发育性状(见表5-38)。测定结果表明，喷施FA旱地龙促进了小麦的生长发育，在1～3次范围内，喷施次数越多，效果越明显，喷施3次比不喷施、喷施1次、喷施2次的处理次生根、单株干重、叶面积系数都有增加，其中次生根增加最明显，比不喷施增加11.9条，比喷施1次增加6.8条，比喷施2次增加2.5条。

表 5-38　　FA 旱地龙对小麦单株发育的影响

处　理	4 月 15 日			5 月 13 日		
	次生根（条）	单株干重（g）	叶面积系数	次生根（条）	单株干重（g）	叶面积系数
喷施 3 次				36.7	2.53	4.32
喷施 2 次	19.8	2.17	2.7	34.2	2.46	4.27
喷施 1 次	18.3	1.98	2.68	29.9	2.35	4.11
不喷（CK）	17.7	1.88	2.65	24.8	2.2	4.05

（3）FA 旱地龙对小麦产量的影响。试验结果表明，喷施 FA 旱地龙对提高小麦产量有明显的促进作用（见表 5-39）。喷施 FA 旱地龙 3 次、2 次和 1 次，分别比不喷处理的小麦产量增加了 49.12kg/667m^2、43.54kg/667m^2 和 28.51kg/667m^2，增产率分别为 12.2%、10.8%和 7.1%。经方差分析，处理间达到极显著差异水平。处理间多重比较，喷施 FA 旱地龙的处理均与对照达到极显著差异，喷 3 次、2 次之间不显著，但都与喷 1 次的处理差异显著。从产量构成因素的影响程度来看，小麦起身期、拔节期喷施 FA 旱地龙的增产原因主要是促进了穗粒数的增加，平均比对照增加了 1.07 粒。灌浆期喷施 FA 旱地龙的增产原因主要是促进了千粒重的提高。从经济效益分析，喷施 3 次、2 次和 1 次的处理每 667m^2 净增纯收益分别为 47.43 元、43.49 元和 29.16元，投资效益比分别为 1∶8.19、1∶10.99 和 1∶14.26，喷施 FA 旱地龙的经济效益十分可观。

表 5-39　　FA 旱地龙对小麦产量的影响

处　理	穗数（万/667m^2）	穗粒数（粒）	千粒重（g）	产量（kg/667m^2）
喷施 3 次	52.14	24.5	35.3	450.93
喷施 2 次	52	24.4	35.1	445.35
喷施 1 次	52.34	23.9	34.4	430.32
不喷（CK）	50.94	23.2	34	401.81

3. 应用前景。

小麦喷施 FA 旱地龙抗旱增产效果明显，是一项投资少、见效快、简便易行、操作方便的农艺节水措施，具有巨大的开发潜力和广阔的应用前景，应加大推广力度。

四、小麦肥水替代技术研究

试验地在莱州市，土壤类型为潮棕壤，质地为轻壤土，种植制度为小麦一玉米。本试验主要研究灌溉定额、施氮量与小麦产量之间的关系。

（一）试验设计

该试验为二因子试验。灌溉定额设 3 个水平，分别为 90mm（浇 2 次水，越冬水、拔节水）、135mm（浇 3 次水，越冬水、拔节水、挑旗水）、180mm（浇 4 次水，越冬水、拔节水、挑旗水、灌浆水）。施氮肥量（纯氮）设 5 个水平，分别为 $0kg/667m^2$、$6kg/667m^2$、$12kg/667m^2$、$18kg/667m^2$、$24kg/667m^2$。试验共设 15 个处理，各处理面积为 $333.5\ m^2$。小麦品种为烟农 19 号，播种量为 $8kg/667m^2$。播前基施过磷酸钙（12%）$62.5kg/667m^2$、氯化钾 $15kg/667m^2$ 和氮肥（尿素）用量的 60%，剩余 40%的氮肥于 4 月中旬随浇水追施。

（二）结果与分析

1. 氮肥和灌溉对土壤水消耗量的共同影响。

小麦生育期内降水 38 次，共计 185.1mm。把小麦生育期内降水量、各处理灌溉定额和土壤水消耗量三者之和视为小麦的水分腾发量，并计算小麦的水分生产率。

在表 5-40 中，仅靠自然降水和设计的灌溉定额，均无法满足各处理小麦的水分需求，小麦为了完成自身的生长过程，还从土壤中吸收了部分水分，即是土壤水的消耗量，范围为 28.89～65.67mm。土壤水消耗量随氮肥用量和灌溉定额变化的共同作用而发生规律性变化，在同一灌溉定额下，土壤水消耗量随氮肥用量增加而增加，当 N18 处理土壤水消耗量达到最大值后，又随氮肥用量增加而减少。但在同一施氮量时，灌溉定额越大，土壤水消耗量越小。

表 5-40　　氮肥和灌溉对土壤水消耗量的影响

灌溉定额	N0(mm)	N6(mm)	N12(mm)	N18(mm)	N24(mm)	平均(mm)
90mm	54.09	58.73	59.58	65.67	55.74	58.76
135mm	50.87	56.33	58.19	64.91	54.54	56.97
180mm	28.89	38.79	42.5	48.69	36.33	39.04
平均	44.62	51.28	53.42	59.76	48.87	51.59

2. 氮肥和灌溉对水分腾发量的共同影响。

表 5-41 表明，在同一灌溉定额下，水分腾发量随氮肥用量增加而增加，当

N18处理水分腾发量达到最大值后，又随氮肥用量增加而减少。同一施氮量，灌溉定额越大，水分腾发量越大，与土壤水消耗量正相反，灌溉水量和土壤水消耗量可互为消长关系。试验所在地在小麦生长期内历年平均降雨量为190mm。从该试验来看，小麦产量在400～450kg/667m^{2}时的水分腾发量400～420mm，在一般降水年份，若浇水达到180mm，仍有30～50mm的缺口，需要土壤水来补充。因此，在一般情况下，小麦收获时土壤含水量都不高，低于播种时的含水量。可以说，小麦生长的过程是一个对土壤水的消耗过程。

表5-41　氮肥和灌溉对小麦水分腾发量的影响

灌溉定额	N0(mm)	N6(mm)	N12(mm)	N18(mm)	N24(mm)	平均(mm)
90mm	329.19	333.82	334.7	340.77	330.84	333.87
135mm	370.97	376.43	378.29	385.01	374.64	377.07
180mm	393.99	403.89	407.6	413.79	401.43	404.15
平均	364.72	371.38	373.53	379.86	368.97	371.69

3.氮肥和灌溉对水分生产率的共同影响。

水分生产率在氮肥用量和灌溉定额的双重影响下，出现梯度变化。灌溉定额增加，水分生产率降低，但边际变化量逐渐减小；氮肥用量增加，水分生产率出现抛物线的变化规律，表明在一定的变化范围内，增施氮肥能促进小麦对水分生产率的增加，超出这个范围继续增施氮肥，水分生产率反而减小(见表5-42)。

表5-42　氮肥和灌溉对小麦水分生产率的影响

灌溉定额	N0(kg/mm)	N6(kg/mm)	N12(kg/mm)	N18(kg/mm)	N24(kg/mm)	平均(kg/mm)
90mm	0.944	1.062	1.176	1.226	1.214	1.124
135mm	0.854	1.02	1.113	1.135	1.122	1.049
180mm	0.824	0.987	1.099	1.097	1.065	1.014
平均	0.874	1.023	1.129	1.153	1.134	1.062

4.氮肥利用率与灌溉定额的关系。

从表5-43中看出，氮肥利用率随氮肥用量增加而减小，氮肥用量越大，利用率越低。同时，氮肥利用率又与灌溉定额有关，随着灌溉定额增加而提高，说明合理增加灌溉定额可促进小麦对氮肥的吸收，提高氮肥利用率。

表 5-43　　氮肥和灌溉对小麦氮肥利用率的影响

灌溉定额	N0(%)	N6(%)	N12(%)	N18(%)	N24(%)	平均(%)
90mm		21.2	20	17.3	11	17.4
135mm		32.5	25.2	19.4	12.5	22.4
180mm		35.9	29.9	20.9	12.4	24.8
平均		29.9	25	19.2	12	21.5

5.氮肥和灌溉对小麦产量的共同影响。

试验结果表明,氮肥和灌溉对小麦产量产生重大影响,在施氮量和灌溉定额的共同作用下,小麦的单位面积产量发生变化(见表 5-44)。

表 5-44　　氮肥和灌溉对小麦产量的影响

灌溉定额	N0 ($kg/667m^2$)	N6 ($kg/667m^2$)	N12 ($kg/667m^2$)	N18 ($kg/667m^2$)	N24 ($kg/667m^2$)	平均 ($kg/667m^2$)
90mm	310.9	354.6	393.5	417.8	401.6	375.7
135mm	316.9	384	420.9	436.9	420.3	395.8
180mm	324.7	398.7	448.1	453.8	427.4	410.5
平均	317.5	379.1	420.8	436.2	416.4	394

小麦肥水效应试验的产量存在着抛物线式的变化规律。用二元二次多项式拟合,得出小麦产量与氮肥用量、灌溉定额之间的回归方程为:

$$Y=246.07+12.8546X_1+0.7107X_2-0.3751X_1^2-0.001328X_2^2+0.0029X_1X_2$$

式中:X_1 为氮肥每 $667m^2$ 用量,X_2 为灌溉定额,Y 为小麦每 $667m^2$ 产量。经检验,$F=91.69$,大于 $F_{0.01}=2.74$,方程拟合较好。

对以上方程求 X_1、X_2 的偏导数,当 $\partial Y/\partial X=0$(边际产量为零)时,小麦可获得最高产量。可以得出:

$$X_1=18.25$$

$$X_2=287.51$$

即,当氮肥用量为 18.25kg/ $667m^2$、灌溉定额为 287.51mm 时,最高产量为 465.51kg/ $667m^2$。

当 $\partial Y/\partial X=pX/pY$(边际利润为零)时,小麦可获得最佳产量。可以得出:

$$X_1=10.8$$

$$X_2=86.36$$

即，当氮肥用量为 10.8kg/ 667m^2、灌溉定额为 86.36mm 时，最佳产量为 395.34kg/ 667m^2。氮肥和灌溉对小麦产量的影响如图 5-8 所示。

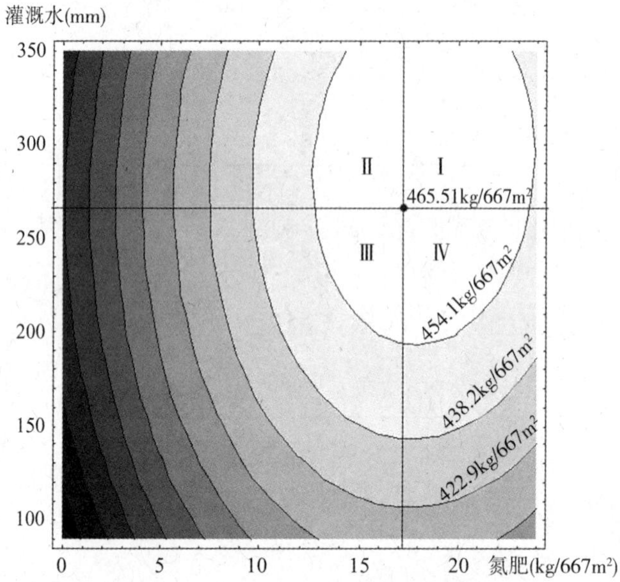

图 5-8 氮肥和灌溉对小麦产量的影响

6. 氮肥和灌溉的相互替代补偿关系。

试验表明，氮肥用量和灌溉定额对小麦产量都有影响，生产中可以用氮肥用量和灌溉定额这两个人为可控因素来影响小麦产量。由二元二次方程的三维图形看出，同一产量水平由灌溉定额和施氮量的若干个不同组合构成，这就为肥水的动态管理和优化组合提供了理论依据。氮肥用量为 0～17.13kg/667m^2 和灌溉定额为 0～267.6mm 时，施肥和灌溉之间存在着相互替代补偿关系，但这种替代补偿关系只发生在达到最高产量之前。当灌溉定额一定时，小麦产量随氮肥用量的增加而提高，当施肥量达到 17.13kg/667m^2 时，产量达到最大值，肥料对水的替代补偿率为零，再增加氮肥，产量反而降低。同样，当氮肥用量一定时，小麦产量随灌溉定额的增加而提高，当灌溉定额达到 267.6mm 时，产量达到最大值，水对肥料的替代补偿率为零，再增加灌溉定额，产量会降低。

根据施肥和灌溉之间存在的上述替代补偿关系，计算出了不同产量水平下的肥水替代补偿组合(见表 5-45)，其中的氮肥用量是指满足回归方程有解的最小整数值和最大值。

表 5-45　　不同产量水平下的肥水组合

产量水平（kg/667m²）	300	330	360	390	420	450
氮肥用量（kg/667m²）	0～4.89	0～8.78	2～17.13	5～17.13	8～17.13	12～17.13
灌溉定额（mm）	0～92	0～176	5～198	49～186	102～207	180～254
肥水替代补偿率（mm/kg）	18.8	20.0	12.8	11.3	11.5	14.4

可以看出，要实现小麦产量为 300kg/667m² 的目标，可施氮肥 4.89 kg/667m²，比不施氮肥减少 92mm 灌水量，此时氮肥对水的替代补偿率为 18.8mm/kg；小麦产量为 360kg/667m² 时，可施氮肥 17.13kg/667m²，比每 667m² 施用 2kg 增加 15.13kg，即可减少 193mm 灌水量，此时氮肥对水的替代补偿率为 12.8mm/kg；小麦产量为 450kg/667m² 时，可施氮肥 17.13kg/667m²，比每 667m² 施用 12kg 增加 5.13kg，即可减少灌水量 74mm，此时氮肥对水的替代补偿率为 14.4mm/kg。利用肥水之间的这种替代关系，可以选择合理的灌水量，通过增加施氮量来保证小麦一定的产出量，也可以在不能增加灌水量的情况下，通过调节施氮量，来实现有限灌溉条件下小麦的最大产出量。

（三）推广应用

根据小麦肥水替代补偿关系，在当前 400kg/667m² 左右产量水平下，灌水和氮肥的替代补偿关系约为 12mm/kg，即 12mm 相当于 1kg 氮肥的产量效果。据此对产量 400～450kg/667m² 以上的中高产麦田提出以下肥水管理建议：在合理施用有机肥，配施磷、钾、微肥的基础上，平水年份，小麦生育期降水为 180～200mm，施氮量为 12.5kg/667m² 左右，灌溉定额为 150mm 左右；干旱年份，小麦生育期降水为 150mm 左右，施氮量为 16kg/667m² 左右，灌溉定额保持不变；丰水年份，小麦生育期降水为 230mm 左右，施氮量为 9kg/667m²左右，灌溉定额保持不变。在这 3 种降水条件下，小麦均可获得 450kg/667m² 左右的较高产量。

第三节 水肥一体化技术应用研究

水肥一体化技术是微灌施肥技术在我国的通俗叫法，对缓解水肥资源短缺、实现种植业结构调整、保护生态环境具有重要的意义。但在我国农业小规模分散经营、微灌设施相对简陋、管理较为粗放的条件下实施水肥一体化技术，节水省肥效果远没有达到应有的效果。存在的主要技术问题是没有成熟的灌溉施肥制度可以借鉴，群众灌水、施肥还主要是靠经验，不同的人掌握的尺度不同，也缺乏针对性。2003 年至今，农业部连续多年在山东省开展水肥一体化技术推广工作，借此在各项目县重点开展了设施蔬菜和果园微灌施肥节水节肥效果等方面研究，获得了大量有价值的技术参数，并将研究成果及时应用于生产中，得到了广大菜农、果农的认可。目前，山东省水肥一体化技术推广面积正迅速扩大。

一、设施蔬菜水肥一体化技术效果研究

（一）莱阳市日光温室番茄水肥一体化技术

2008 年 10 月～2009 年 5 月，在莱阳市团旺镇崔疃村番茄日光温室内进行了水肥一体化效果试验，品种是欧顿。试验棚东西长 140m，南北宽 9.5m，面积为 1330m^2，试验地土壤养分状况如表 5-46 所示。

表 5-46 试验地土壤养分状况

取样深度(cm)	有机质(g/kg)	碱解氮(mg/kg)	有效磷(mg/kg)	速效钾(mg/kg)	pH
0～20	12.2	93	39.6	147	6.2
20～40	10.1	76	28.5	105	6.5
40～60	8.9	50	20.3	73	6.6

1. 试验设计。

试验设 5 个处理。①畦灌冲肥(CK)。本处理设在棚西侧，挂塑料布与滴灌小区隔开，以免本处理的湿度影响其他处理；②滴灌减量施肥(施肥量比处理 3 减少 30%)；③滴灌适量施肥(中等水平)；④滴灌增量施肥(施肥量比处理 3 增加 30%)；⑤滴灌不施肥。

种植方式为起垄栽培，垄距为 1.3m，每垄种植两行，垄宽为 0.8m，沟为 0.5m，株距为 0.4m，每株收获 5 层果。根据表 5-47 试验方案实施。

表 5-47　　番茄滴灌施肥试验方案

处理	施肥总量($kg/667m^2$)			基肥($kg/667m^2$)			滴灌施肥或冲施($kg/667m^2$)		
	N	P_2O_5	K_2O	N	P_2O_5	K_2O	N	P_2O_5	K_2O
1	55	45	60	22.5	22.5	22.5	32.5	22.5	37.5
2	28	17.5	38.5	15	15	15	13	2.5	23.5
3	40	25	55	15	15	15	25	10	40
4	52	32.5	71.5	15	15	15	37	17.5	56.5
5	0	0	0	0	0	0	0	0	0

滴灌施肥水源为井水，肥料采用专用肥(22－11－22)、硝酸钾等，畦灌区采用农户常规使用肥料，如尿素、磷酸二铵、硫酸钾。

施肥方式：畦灌冲肥是将肥料均匀放在小畦灌水口上，然后灌水，肥料随水冲施。滴灌施肥是将肥料溶解在施肥罐中，通过灌溉系统施在根际处。在每个处理首部安装水表，准确测量每次灌水量及全生育期灌水量。其他田间管理均由农户统一管理。

2. 试验结果与分析。

(1)具有明显的节水、节肥效果。在产量增加的情况下，各处理滴灌施肥比畦灌冲肥节肥 4～76$kg/667m^2$，节约 2.5%～47.5%，滴灌施肥比畦灌冲肥节水 100～105$m^3/667m^2$，节约 37.7%～39.6%(见表 5-48)。

表 5-48　　番茄滴灌施肥的节水、节肥效果

处理	施肥量($kg/667m^2$)				灌水量($m^3/667m^2$)	与畦灌冲肥相比			
	N	P_2O_5	K_2O	总计		节水($m^3/667m^2$)	节水(%)	节肥($kg/667m^2$)	节肥(%)
1	55	45	60	160	265				
2	28	17.5	38.5	84	160	105	39.6	76	47.5
3	40	25	55	120	163	102	38.5	40	25
4	52	32.5	71.5	156	165	100	37.7	4	2.5
5	0	0	0	0	161	104	39.2		

(2)提高了水分生产率。从表 5-49 可以看出，滴灌施肥方式的用水量明显降低，但产量提高。水分生产率为 48～50.1kg/m^3，比畦灌冲肥水分生产率提高 20.7～22.8 kg/m^3。

表 5-49　　番茄不同灌溉施肥方式的水分生产率

处理	产量 (kg/667m²)	灌溉水量 (m^3)	水分生产率	
			(kg/m^3)	(元/m^3)
1	7235	265	27.3	87.4
2	7682	160	48	153.6
3	8126	163	49.9	159.5
4	8270	165	50.1	160.4
5	4473	161	27.8	88.9

(3)提高了肥料利用率。从表 5-50 可以看出,滴灌中水平施肥比畦灌冲肥氮肥利用率提高 13 个百分点,磷肥利用率提高 6.1 个百分点,钾肥利用率提高 9.8 个百分点。滴灌施肥的肥料利用率与施肥量呈负相关,随着施肥量的增加,肥料利用率降低。氮肥利用率从 36.4%降低到 23.3%,磷肥利用率从 13.7%降低到 8.6%,钾肥利用率从 40.3%降低到 25.6%。在滴灌施肥条件下,高施肥量处理产量增幅放缓、肥料利用率降低,不利于资源的合理使用和环境保护,从产量、产值和可持续发展的角度分析,应用滴灌中水平施肥是最为经济合理的。

表 5-50　　番茄不同灌溉施肥方式的肥料利用率

处理	产量 (kg/667m²)	吸收养分量 (kg/667m²)			施入养分量 (kg/667m²)			肥料利用率 (%)		
		N	P_2O_5	K_2O	N	P_2O_5	K_2O	N	P_2O_5	K_2O
1	7235	23	5.4	34.9	55	45	60	16	4.7	22.2
2	7682	24.4	5.7	37.1	28	17.5	38.5	36.4	13.7	40.3
3	8126	25.8	6	39.2	40	25	55	29	10.8	32
4	8270	26.3	6.1	39.9	52	32.5	71.5	23.3	8.6	25.6
5	4473	14.2	3.3	21.6	0	0	0			

(4) 提高了产量。从表 5-51 可以看出,滴灌施肥方式比畦灌冲肥方式增产。相同施肥方式不同施肥量的 3 个处理中,滴灌施肥高水平产量最高,比畦灌冲肥增产 1035kg,增产 14.3%,滴灌施肥中水平次之,比畦灌冲肥增产 890.8kg,增产 12.3%,滴灌施肥低水平比畦灌冲肥增产 446.7kg,增产 6.2%。经方差分析,滴灌施肥产量与畦灌冲肥差异显著。表明滴灌施肥比

畦灌冲肥增产，且增产效果显著。滴灌施肥的番茄产量随着施肥量的增加而增加，但滴灌施肥高水平产量增幅减缓。

表 5-51 番茄不同灌溉施肥方式的产量

处理	重复(kg/80m²)			平均产量(kg/667m²)	与畦灌冲肥相比	
	Ⅰ	Ⅱ	Ⅲ		增产(kg/667m²)	增产(%)
1	873.5	845.9	885.2	7235.4		
2	914.5	918.3	932.6	7682.1	446.7	6.2
3	980.5	959.5	985.3	8126.2	890.8	12.3
4	990.7	930.1	1056.4	8270.4	1035	14.3
5	539.2	518.1	552.8	4472.7		

(5)改善了番茄品质。表 5-52 表明，不同的灌溉施肥方式对番茄的维生素 C 含量、可溶性糖含量和酸度均有一定影响。滴灌施肥处理的维生素 C 含量均高于畦灌冲肥处理，滴灌不施肥处理的维生素 C 含量为最高，比畦灌冲肥处理高 1.43mg/kg，高 6.57%，说明施肥对番茄果实中的维生素 C 含量有一定的影响。不同的灌溉施肥方式对番茄的可溶性糖含量影响较为明显，滴灌施肥处理的可溶性糖含量均高于畦灌冲肥处理，滴灌不施肥处理番茄果实的可溶性糖的含量最高，比畦灌冲肥处理高 0.84mg/kg，高 16.8%。不同的灌溉施肥方式对番茄果实的酸度影响不大。

表 5-52 番茄不同灌溉施肥方式的品质

处理	维生素 C 含量(mg/100g)	可溶性糖含量(%)	酸度
1	21.75	4.99	0.39
2	22.86	5.61	0.38
3	22.6	5.47	0.38
4	22.12	5.06	0.39
5	23.18	5.83	0.37

(6) 取得了显著经济效益。从表 5-53 可以看出，滴灌适量施肥处理比畦灌冲肥处理产值增加明显，增加效益 3923 元/667m²。由于滴灌施肥采用滴灌专用肥料，价格相对普通肥料较高，从肥料投入上分析，滴灌适量施肥节肥不节本，节本增效主要是用工、水电费和农药投入，滴灌适量施肥处理的生产成本较畦灌冲肥处理减少 1071.8 元/667m²。

表 5-53 番茄不同灌溉施肥方式的经济效益

处理	产量(kg/667m²)	生产成本(元/667m²)					纯收入(元/667m²)	与畦灌冲肥相比	
		产值(元/667m²)	水电费	用工	农药	总计		增加值(元/667m²)	增长(%)
1	7235	23152	238.5	5000	560	5798.5	17353.5		
3	8126	26003.2	146.7	4200	380	4726.7	21276.5	3923	22.6
5	4473	14313.6	144.9	4200	380	4724.9	9588.7	−7764.8	−44.7

注:(1)畦灌冲肥处理肥料价值与滴灌适量施肥处理肥料价值相同;

(2)按番茄平均价格 3.2 元/kg 计算。

(二)肥城市日光温室番茄水肥一体化技术

2009 年 10 月～2010 年 6 月,在肥城市南黄镇北斜山村日光温室内进行了番茄水肥一体化试验。试验棚面积为 754 m^2,品种为欧顿,定植时间为 2009 年 10 月 15 日,起垄种植,每垄种植两行,垄距为 120cm,株距为 30cm,每 667m^2 种植 3500 株左右。沿作物行每行铺设一条毛管,滴头间距为 30cm,滴头流量为 2.5L/h。试验地土壤类型为棕壤,质地为轻壤土,土壤养分有机质为 15.4g/kg,碱解氮为 122mg/kg,有效磷为 88.4mg/kg,速效钾为 203mg/kg,pH 为 5.4。土壤容重为 1.36g/cm^3,田间持水量为 25%,土壤湿润比为 90%,目标产量为 10000kg/667m^2。

1.试验设计。

试验设 6 个处理。①畦灌冲肥(CK);②滴灌减量施肥(施肥量比处理 3 减少 30%);③滴灌适量施肥(根据目标产量及地力情况推荐施肥);④滴灌增量施肥(施肥量比处理 3 增加 30%);⑤滴灌不施肥;⑥畦灌不施肥。

日光温室番茄滴灌施肥试验方案如表 5-54 所示,番茄适量施肥处理滴灌施肥制度如表 5-55 所示。

表 5-54 番茄滴灌施肥试验方案

处理	施肥总量(kg/667m²)				基肥(kg/667m²)			追肥(kg/667m²)		
	N	P_2O_5	K_2O	合计	N	P_2O_5	K_2O	N	P_2O_5	K_2O
1	65	37.4	78.6	181	7.5	7.5	7.5	57.5	29.9	71.1
2	34	14.3	48.2	96.5	8.4	8.4	8.4	25.6	5.9	39.8
3	48.5	20.4	68.9	137.8	13	10	13	35.5	10.4	55.9
4	63.1	26.5	89.6	179.2	15.6	15.6	15.6	47.5	10.9	74
5	0	0	0	0	0	0	0	0	0	0
6	0	0	0	0	0	0	0	0	0	0

表 5-55　　番茄适量施肥处理滴灌施肥制度

生长时期	灌水次数（次）	灌水定额（$m^3/667m^2$ 次）	灌水时间间隔（天）	灌溉方式	每次施肥量（$kg/667m^2$）			
					N	P_2O_5	K_2O	合计
定植前	1	22		基施沟灌	13	10	13	36
苗期	1	12	40	滴灌	2.5	2.5	2.5	7.5
开花一结果	1	13	15	滴灌	3	1.9	3	7.9
结果一采收	12	15	7～11	滴灌	2.5	0.5	4.2	86.4

滴灌肥品种：滴灌专用肥（19—8—27）。农户常规使用肥料：基肥 16—16—16 的复合肥，追肥 16—8—30 的冲施肥。

施肥方式：畦灌冲肥是肥料从畦首灌水口处随灌水均匀冲施。滴灌施肥是将肥料溶解在施肥罐中，通过压力滴灌施肥系统随水施在作物根际处。每个处理首部都安装了水表，以准确测定每次灌水量。

2.试验结果与分析。

（1）具有显著的节水、节肥效果。从表 5-56 可以看出，在产量增加的情况下，各处理滴灌施肥比畦灌冲肥节水 74～84$m^3/667m^2$，节约 25%～28%；节肥 1.8～84.5$kg/667m^2$，节约 1%～47%，滴灌施肥节水、节肥效果明显。

表 5-56　　番茄滴灌施肥的节水、节肥效果

处理	施肥量（$kg/667m^2$）				产量（$kg/667m^2$）	灌水量（$m^3/667m^2$）	与畦灌冲肥相比			
	N	P_2O_5	K_2O	总计			节水（$m^3/667m^2$）	节水（%）	节肥（$kg/667m^2$）	节肥（%）
1	65	37.4	78.6	181	8106	306				
2	34	14.3	48.2	96.5	8840	222	84	28	84.5	47
3	48.5	20.4	68.9	137.8	9856	227	79	26	43.2	24
4	63.1	26.5	89.6	179.2	10545	232	74	24	1.8	1
5	0	0	0	0	4226	227	79	26		
6	0	0	0	0	4010	306				

（2）提高了水分生产率。从表 5-57 可以看出，滴灌施肥能明显降低灌溉水用量，增加产量，提高水分生产率。滴灌施肥水分生产率为 39.82～45.45kg/m^3，畦灌冲肥为 24.87kg/m^3，水分生产率提高了 60.11%～82.75%。

表 5-57　　番茄不同灌溉施肥方式的水分生产率

处理	产量 (kg/667m²)	产值 (元/667m²)	灌溉水量 (m³/667m²)	水分生产率	
				(kg/m³)	(元/m³)
1	8106	24318	326	24.87	74.6
2	8840	26520	222	39.82	119.46
3	9856	29568	227	43.42	130.26
4	10545	31635	232	45.45	136.36
5	4226	12678	227	18.62	55.85
6	4010	12030	326	12.3	36.9

(3)提高了肥料利用率。从表 5-58 可以看出,滴灌施肥的肥料利用率比畦灌冲肥高。滴灌施肥处理肥料利用率随化肥施用量的增加而递减,其中以滴灌减量施肥为最高,氮、磷、钾肥的利用率分别为 45.18%、24.97%和48.4%,比畦灌冲肥利用率分别提高了 25.13 个百分点、16.87 个百分点和 23.23 个百分点;其次是滴灌适量施肥处理,分别为 38.33%、21.18%和40.98%,比畦灌冲肥利用率分别提高了 18.28 个百分点、13.08 个百分点和 15.81 个百分点;滴灌增量施肥处理利用率为最低,分别为 32.93%、18.23%和 35.22%,比畦灌冲肥利用率分别提高了 12.88 个百分点、10.13 个百分点和 10.05 个百分点。由此可见,滴灌施肥比畦灌冲肥能显著提高肥料的利用率。

表 5-58　　番茄不同灌溉施肥方式的肥料利用率

处理	产量 (kg/667m²)	吸收养分量(kg/667m²)			施入养分量(kg/667m²)			肥料利用率(%)		
		N	P_2O_5	K_2O	N	P_2O_5	K_2O	N	P_2O_5	K_2O
1	8106	25.78	6	39.15	65	37.4	78.6	20.05	8.1	25.17
2	8840	28.11	6.54	42.7	34	14.3	48.2	45.18	24.97	48.4
3	9856	31.34	7.29	47.6	48.5	20.4	68.9	38.33	21.18	40.98
4	10545	33.53	7.8	50.93	63.1	26.5	89.6	32.93	18.23	35.22
5	4226	13.44	3.13	20.41	0	0	0			
6	4010	12.75	2.97	19.37	0	0	0			

(4)改善了农艺性状。在收获前对每小区随机取 10 株番茄测定第一穗位高、单穗果数、平均单果重,以后每次收获都对每小区取 10 株番茄测定其穗位间距、单穗果数、平均单果重,收获结束后统计株果数和单株果重。

从表 5-59 可以看出,滴灌施肥与畦灌冲肥两种灌溉方式对番茄第一穗高、穗间距的影响不是很明显，但滴灌施肥处理的单果重、株果重均有增加。

表 5-59　　番茄不同灌溉施肥方式的农艺性状

处理	第 1 穗高(cm)	1～2 穗间距(cm)	2～3 穗间距(cm)	3～4 穗间距(cm)	4～5 穗间距(cm)	株果重(kg)	单果重(kg)
1	29.1	24.6	25.9	25.5	22.3	3.02	0.33
2	28	23.2	22.1	23.2	20.9	3.38	0.35
3	27.1	22	24	24.3	20.9	3.51	0.39
4	31.5	23.8	21.8	23	22.4	3.52	0.4
5	26.7	21.5	22.7	21.2	23.2	1.73	0.26
6	27	20.6	23.1	23.4	20.5	1.3	0.25

(5)提高了产量。从表 5-60 可以看出，滴灌不同施肥量的 3 个处理中，随着施肥量的增加，产量也随着不同幅度地增加。滴灌增量施肥产量最高，比畦灌冲肥增产 2439kg/667m^2，增幅 30.1%；滴灌适量施肥产量次之，比畦灌冲肥增产 1750kg/667m^2，增幅 21.6%；而滴灌减量施肥产量比畦灌冲肥增产 734kg/667m^2，增幅 9.1%。

表 5-60　　番茄不同灌溉施肥方式的产量

处理	产量(kg/667m^2)	与畦灌冲肥相比	
		增产(kg/667m^2)	增幅(%)
1	8106		
2	8840	734	9.1
3	9856	1750	21.6
4	10545	2439	30.1
5	4226	−3880	−47.9
6	4010	−4096	−50.5

(6)改变了可溶性糖含量。由表 5-61 看出，滴灌减量施肥番茄果实的可溶性糖的含量最高，随着施肥量的增加，番茄果实中的可溶性糖的含量降低，说明随着施肥量的增多，番茄可溶性糖含量降低，但不施肥其含量更低。

表 5-61　番茄不同灌溉施肥方式的可溶性糖含量

处理	可溶性糖(%)	处理	可溶性糖(%)
1	5.72	4	5.6
2	6.11	5	4
3	5.68	6	3.3

(7)取得了显著的经济效益。滴灌施肥经济效益包括两方面:一是增加产量和改善品质获得的效益,二是节省投入的效益。滴灌施肥减少了灌溉、施肥劳动力投入,同时由于空气湿度降低,在很大程度上抑制了作物病害的发生,使防治病虫害的农药投入和劳力投入减少。从表 5-62 可以看出,滴灌施肥与畦灌冲肥相比,每季节省劳力 10～20 个/667m^2,节约水电费 40 元/667m^2,减少农药投入 50 元/667m^2,但滴灌肥单价成本高,比一般冲施肥、复合肥增加投入 573～1937 元/667m^2,缩减了滴灌施肥的增收幅度。滴灌施肥处理比畦灌冲肥处理增加产值 2919～6670 元/667m^2,增长率为 17.4%～39.8%,增收效益显著。

表 5-62　番茄不同灌溉施肥方式的经济效益

处理	产量(kg/667m^2)	产值(元/667m^2)	生产成本(元/667m^2)					纯收入(元/667m^2)	与畦灌冲肥相比	
			肥料	水电费	用工	农药	总计		增值(元/667m^2)	增幅(%)
1	8106	24318	1005	120	6300	150	7575	16743		
2	8840	26520	1578	80	5100	100	6858	19662	2919	17.4
3	9856	29568	2262	80	5100	100	7542	22026	5283	31.6
4	10545	31635	2942	80	5100	100	8222	23413	6670	39.8
5	4226	12678	0	80	5100	100	5288	7398	−9345	−55.8
6	4010	12030	0	120	5700	150	5970	6060	−10683	−63.8

注:(1)肥料价格:19－8－27 滴灌专用肥 12000 元/吨、16－16－16 复合肥 3000 元/吨、16－8－30 冲施肥 3000 元/吨;

(2)按番茄平均价格 3 元/kg 计算;

(3)用工按 30 元/天计算。

(三)牟平区日光温室黄瓜水肥一体化技术

2007 年 8 月～2008 年 4 月,在牟平区高陵镇邹家埠村曲延江的日光温室进行了黄瓜水肥一体化试验,试验棚面积为 667m^2,试验地土壤养分状况如表 5-63 所示。种植方式为起垄种植,每垄种植两行,畦宽为 0.5m,畦背为 0.7m,

株距为 0.3m,定植密度为 3700 株/667m²。供试黄瓜品种为冬冠 3 号。

表 5-63　　试验地土壤养分状况

取样深度(cm)	有机质(g/kg)	碱解氮(mg/kg)	有效磷(mg/kg)	速效钾(mg/kg)	pH
0～25	18.6	85	68.2	148	5.6
25～50	12.6	73	45.9	126	5.9
50～70	7.83	46	30.5	86	6.2
70～100	6.56	35	21.2	50	6.2

1. 试验设计。

试验设 6 个处理。①滴灌不施肥;②滴灌减量施肥 30%;③滴灌适量施肥;④滴灌增量施肥 30%;⑤畦灌冲肥;⑥畦灌不施肥。试验目标产量为 7500kg/667m²,施肥方案如表 5-64 所示。

表 5-64　　黄瓜滴灌施肥试验方案

处理	N	P_2O_5	K_2O	总计	基肥(kg/667m²)			追肥(kg/667m²)		
					N	P_2O_5	K_2O	N	P_2O_5	K_2O
1	0	0	0	0	0	0	0	0	0	0
2	32.2	28	38.5	98.7	5.67	14.42	4.62	26.53	13.58	33.88
3	46	40	55	141	8.1	20.6	6.6	37.9	19.4	48.4
4	59.8	52	71.5	183.3	10.53	26.78	8.58	49.27	25.22	62.92
5	75	75	75	225	30	30	30	45	45	45
6	0	0	0	0	0	0	0	0	0	0

试验棚的西端采用滴灌,东端采用传统沟灌,滴灌和畦灌之间用塑料薄膜隔开,防止沟灌小气候影响滴灌。处理 1 和处理 6(对照)的面积为 33.6m²(1.2m×7m×4 畦),主要为计算肥料利用率提供依据。处理 2、处理 3、处理 4、处理 5 的面积均为 151.2 m²(1.2m×7m×18 畦)。试验以垄数为重复,设 3 次重复。

滴灌区基肥用磷酸二铵和硫酸钾,畦灌区用复合肥(15-15-15),在黄瓜苗移栽前整地时均匀撒施后耕翻施用。追肥滴灌区采用滴灌专用肥,由蓬莱奇宝肥业有限公司提供,有 N—P_2O_5—K_2O 配比为 20—20—20＋TE (螯合态微肥)、22—11—22＋TE、19—8—27＋TE 三种。畦灌区肥料采用农户常规使用肥料尿素、磷酸二铵和硫酸钾。每次滴灌的施肥量等于每天施肥量乘以间隔天数(见表 5-65)。水源为地下深井水。

表 5-65 黄瓜不同处理各生育期施肥量

处理	移栽—开花(1～30天)		开花—结果(31～60天)		结果—采收(61～210天)	
	肥料配方 N—P_2O_5—K_2O	每天灌溉肥料用量 (kg/667m^2)	肥料配方 N—P_2O_5—K_2O	每天灌溉肥料用量 (kg/667m^2)	肥料配方 N—P_2O_5—K_2O	每天灌溉肥料用量 (kg/667m^2)
1		0		0		0
2	20-20-20	0.56	22-11-22	0.84	19-8-27	0.616
3	20-20-20	0.8	22-11-22	1.21	19-8-27	0.88
4	20-20-20	1.05	22-11-22	0.78	19-8-27	1.144
5	常规施肥					

追肥方法：畦灌冲肥是将肥料均匀放在小畦灌水口处，然后灌水，肥料随水冲入。滴灌施肥先将肥料溶解在桶中，再将肥料溶液通过文丘里随水注入灌溉系统中，施在根际处。灌水时间是根据负压计读数决定，负压计读数指在45Pa时即灌水施肥。在每个处理首部都单独安装了水表，准确测量每次灌水量及全生育期灌水量。其他生产农艺措施如打药、除草等田间管理均由农民统一管理。

2.试验结果与分析。

(1) 具有明显的节水、节肥效果。从表5-66可以看出，在产量增加的情况下，各处理滴灌施肥比畦灌冲肥节肥41.7～126.3kg/667m^2，节约18.53%～56.13%。不同施肥水平、同种施肥方式的3个处理之间，随着施肥量的增加，产量也随着增加，但增产的幅度很小。滴灌施肥比畦灌施肥节水100.7～102.3m^3/667m^2，节约36.63%～37.21%，节肥、节水效果明显。

表 5-66 黄瓜滴灌施肥的节水、节肥效果

处理	施肥量(kg/667m^2)				产量 (kg/667m^2)	灌水量 (m^3/667m^2)	与畦灌冲肥相比			
	N	P_2O_5	K_2O	总计			节水 (m^3/667m^2)	节水 (%)	节肥 (kg/667m^2)	节肥 (%)
1	0	0	0	0	3987	174				
2	32.2	28	38.5	98.7	7290	172.6	102.3	37.21	126.3	56.13
3	46	40	55	141	7540	173.5	101.4	36.89	84	37.33
4	59.8	52	71.5	183.3	7621	174.2	100.7	36.63	41.7	18.53
5	75	75	75	225	6099	274.9				
6	0	0	0	0	3013	274				

(2)不同灌溉施肥方式对产量的影响。从表5-67可以看出,滴灌施肥方式比畦灌冲肥方式增产,相同施肥方式、不同施肥量的3个处理中,滴灌施肥高水平产量最高,比畦灌冲肥增产1522kg,增幅24.95%,滴灌中水平次之,比漫灌冲肥增产1441kg,增幅23.63%,而滴灌施肥低水平比畦灌冲肥增产1191kg,增幅19.53%。经方差分析,滴灌施肥方式产量与畦灌冲肥方式产量差异显著,而滴灌施肥高中低水平之间产量差异不显著。

表5-67　　黄瓜不同灌溉施肥方式的产量

处理	重复($kg/667m^2$)			平均产量($kg/667m^2$)	与畦灌冲肥相比	
	Ⅰ	Ⅱ	Ⅲ		增产($kg/667m^2$)	增产(%)
1	3973	3986	4002	3987		
2	6536	7642	7692	7290	1191	19.53
3	7230	7849	7541	7540	1441	23.63
4	7408	7726	7729	7621	1522	24.95
5	5877	6231	6189	6099		
6	3056	2989	2994	3013		

(3)不同灌溉施肥方式对黄瓜品质的影响。从表5-68可以看出,不同的施肥方式均比不施肥处理的维生素C含量高,其中以滴灌施肥处理的维生素C含量明显较高,滴灌施肥中水平处理的维生素C含量比畦灌冲肥高12.1mg/kg,高出9.7%,说明科学合理的灌溉施肥方式可以明显提高黄瓜果实中的维生素C含量。滴灌施肥中水平下黄瓜果实的商品率最高,随着施肥量的增加,黄瓜果实商品率降低,说明过量施肥不仅导致经济效益下降,而且使品质变劣。施肥可明显增加果实的单果重,以滴灌施肥中水平的单果重为最高,说明用肥量合理,可明显增加果实单果重,增加黄瓜产量。

表5-68　　黄瓜不同灌溉施肥方式的品质

处理	维生素C(mg/100g)	单果重(g)	商品率(%)
1	11.96	116	86
2	13.56	125	95
3	13.69	130	96
4	13.76	126	93
5	12.48	120	90
6	11.88	103	75

(4)不同灌溉施肥方式对水分生产率的影响。滴灌施肥方式的水分生产率为42.2～43.7kg/m^3,比畦灌冲肥提高20～21.5 kg/m^3。以黄瓜市场价2.5元/kg计算,畦灌冲肥的水分生产率为55.5元/m^3,滴灌施肥为105.6～109.4元/m^3,比畦灌冲肥高50.1～53.9元/m^3,水分生产率提高90.3%～97.2%(见表5-69)。

表5-69　　黄瓜不同灌溉施肥方式的水分生产率

处理	产量(kg/667m^2)	灌溉水量(m^3)	水分生产率	
			(kg/m^3)	(元/m^3)
1	3987	174	22.9	57.3
2	7290	172.6	42.2	105.6
3	7540	173.5	43.5	108.6
4	7621	174.2	43.7	109.4
5	6099	274.9	22.2	55.5
6	3013	274	11	27.5

(5)滴灌施肥对土壤环境的影响。通过对土壤墒情监测结果进行分析可知,采用滴灌方式,水分从滴灌头缓慢滴入土壤,然后向四周扩散,滴灌后滴灌区土壤含水量低于大水漫灌。由于大水漫灌区土壤水分渗透、蒸发速度均大于滴灌区,因此,在设施黄瓜需要灌溉时畦灌区的土壤含水量则低于滴灌区。

(6)不同灌溉施肥方式的经济效益分析。从表5-70可以看出,由于各处理的施肥量及灌溉方式不同,各处理间纯收入不同,滴灌施肥处理纯收入比畦灌冲肥处理增加明显。滴灌施肥栽培方式的施肥成本、灌溉用电电费、用工费用均比畦灌冲肥处理低,每667m^2增加产值为4336.9～4626.5元,增加38.85%～41.44%。

表5-70　　黄瓜不同灌溉施肥方式的经济效益

处理	产量(kg/667m^2)	产值(元/667m^2)	生产成本(元/667m^2)					纯收入(元/667m^2)	与畦灌冲肥相比	
			肥料	水电费	用工	农药	总计		增值(元/667m^2)	增幅(%)
1	3987	9968	0	132	1500	200	1832	8136		
2	7290	18225	792.8	130.8	1600	200	2723.6	15501.4	4336.9	38.85
3	7540	18850	1128	131.5	1600	200	3059.5	15790.5	4626.5	41.44

续表

处理	产量(kg/667m²)	产值(元/667m²)	生产成本(元/667m²)					纯收入(元/667m²)	与畦灌冲肥相比	
			肥料	水电费	用工	农药	总计		增值(元/667m²)	增幅(%)
4	7621	19053	1466.4	132.2	1600	200	3398.6	15653.9	4489.4	40.21
5	6099	15248	1575	208.5	2100	200	4083.5	11164.5		
6	3013	7533	0	201	2000	200	2401			

(7)不同灌溉施肥方式对肥料利用率的影响。从表5-71可以看出，滴灌施肥的肥料利用率比畦灌冲肥高。滴灌施肥的氮、磷、钾肥利用率以施肥量为低水平的最高，分别为39.84%、12.21%和50%，比畦灌施肥的氮、磷、钾肥利用率分别提高了27.49个百分点、8.92个百分点和31.48个百分点。由此可以看出，滴灌施肥比沟灌冲肥能明显提高肥料的利用率。

表5-71　　黄瓜不同灌溉施肥方式的化肥利用率

处理	产量(kg/667m²)	吸收养分量(kg/667m²)			施入养分量(kg/667m²)			肥料利用率(%)		
		N	P_2O_5	K_2O	N	P_2O_5	K_2O	N	P_2O_5	K_2O
1	3987	11.96	3.19	17.94	0	0	0			
2	7290	21.87	5.83	32.81	32.2	28	38.5	39.84	12.21	50
3	7540	22.62	6.03	33.93	46	40	55	29.52	9.05	37.04
4	7621	22.86	6.1	34.29	59.8	52	71.5	23.11	7.1	28.99
5	6099	18.3	4.88	27.45	75	75	75	12.35	3.29	18.52
6	3013	9.04	2.41	13.56	0	0	0			

(四)环翠区日光温室辣椒水肥一体化技术

2006年9月6日～2007年4月25日，在环翠区羊亭镇北小城村示范区内进行试验，试验地选用新建的日光温室，面积为90m×10m(900m²)。试验地养分状况：0～20cm土壤有机质为7.5g/kg，碱解氮为42mg/kg，有效磷为38mg/kg，速效钾为175mg/kg，容重为1.37g/cm³，田间持水量为24.3%，土壤含水量为20.6%。

1.试验设计。

试验采用滴灌施肥、滴灌不施肥和畦灌冲肥3种方式，根据作物的需肥规律和农民的习惯施肥水平，试验共设3个施肥水平、5个处理(见表5-72)。

表 5-72　辣椒滴灌施肥试验方案

处　理	N(kg/667m²)	P_2O_5(kg/667m²)	K_2O(kg/667m²)	合计(kg/667m²)
1 滴灌不施肥	0	0	0	0
2 滴灌施肥低水平	31.4	43	20.1	94.5
3 滴灌施肥中水平	41.6	54.6	26	122.2
4 滴灌施肥高水平	51.5	67.3	31.9	150.7
5 畦灌冲肥	41.6	54.6	26	122.2

试验施用肥料为硝酸铵、磷酸一铵、硝酸钾。辣椒苗移栽前，整地时基施鸡粪 5000kg/667m^2。滴灌施肥先将肥料溶解在桶中，再将肥料溶液灌入压差式施肥罐中，灌水时肥料溶液随水注入灌溉系统中，施在近根处。在每个处理首部都单独安装了水表，准确测量每次灌水量及全生育期灌水量。观测记录 8 时、12 时、20 时温度、湿度及地温(15cm)情况。其他打顶、打药、除草等田间管理均由农户统一管理。

2. 试验结果与分析。

(1)节肥、节水效果。从表 5-73 和表 5-74 可以看出，在产量增加的情况下，各处理滴灌施肥比畦灌施肥节水 34.01～37.37m^3/667m^2，节约 27.47%～30.19%，节水效果明显。滴灌施肥低水平与畦灌冲肥相比，在产量增加 1448.57kg/667m^2 的情况下，节肥 27.7kg/667m^2。试验随着施肥量的增加，产量也随之增加，说明施肥量还没有达到最大施肥量。

表 5-73　辣椒滴灌施肥的节水、节肥效果

处理	施肥量(kg/667m²)				灌水量(m³/667m²)	与畦灌冲肥相比			
	N	P_2O_5	K_2O	总计		节水(m³/667m²)	节水(%)	节肥(kg/667m²)	节肥(%)
1	0	0	0	0	100				
2	31.4	43	20.1	94.5	88.25	35.55	28.72	27.7	22.67
3	41.6	54.6	26	122.2	86.43	37.37	30.19	0	0
4	51.5	67.3	31.9	150.7	89.79	34.01	27.47	−28.5	−23.32
5	41.6	54.6	26	122.2	123.8				

(2)不同灌溉施肥方式对产量的影响。从表 5-74 可以看出，滴灌施肥均比畦灌冲肥方式增产，相同施肥量、不同施肥方式的处理中，滴灌施肥产量高，比畦灌冲肥增产 1516.25kg，增幅 42.28%。对产量结果进行方差分析，处

理间差异极显著。对产量结果进一步采用 LSD 法进行多重比较，各处理间产量差异极显著。

表 5-74　　辣椒不同灌溉施肥方式的产量

处理	重复($kg/667m^2$)			平均产量($kg/667m^2$)	与畦灌冲肥相比	
	Ⅰ	Ⅱ	Ⅲ		增产(kg)	增产(%)
1	1887.66	1898.59	1899.77	1895.34		
2	5037.22	5031.39	5036.75	5035.12	1448.57	40.39
3	5106.75	5091.99	5109.66	5102.8	1516.25	42.28
4	5722.33	5769.04	5640.55	5710.64	2124.09	59.22
5	3594.77	3596.29	3568.59	3586.55		

(3)不同灌溉施肥方式对水分生产率的影响。从表 5-75 可以看出，滴灌方式能有效地提高产量和水分生产率。在施肥量相同时滴灌施肥的水分生产率为 47.9kg/m^3，畦灌冲肥为 15.6 kg/m^3，滴灌施肥比畦灌冲肥高32.3 kg/m^3。

表 5-75　　辣椒不同灌溉施肥方式的水分生产率

处理	产量($kg/667m^2$)	灌溉水量(m^3)	水分生产率	
			(kg/m^3)	(元/ m^3)
1	1895.34	120	15.8	56.9
2	5035.12	108.25	46.5	167.4
3	5102.8	106.43	47.9	172.6
4	5710.64	109.79	52	187.3
5	3586.55	230	15.6	56.1

注：按辣椒平均价格 3.6 元/kg 计算。

(4)不同灌溉施肥方式对大棚环境的影响。气温、湿度、地温(15cm)均取自 2006 年 11 月 24 日～2007 年 3 月 2 日 8 时、12 时、20 时的平均值。从表 5-76可以看出，滴灌能显著地提高棚内气温和地温，降低棚内湿度，从根本上减轻了棚内病虫害发生程度，对辣椒生长有利。滴灌比畦灌平均提高气温 0.73℃，降低湿度 3.7 个百分点，提高地温 0.76℃。

表 5-76　辣椒不同灌溉方式的棚内气温、湿度及病害发生程度

灌溉方式	气温(℃)			湿度(%)			地温(℃)			病害发生程度(%)
	8点	12点	20点	8点	12点	20点	8点	12点	20点	
滴灌	10	21	18	78	73	76	13.04	15.12	15.45	2.6
沟灌	9.3	20.5	17	83	75	80	11.54	14.8	15	4.5
滴灌比沟灌	0.7	0.5	1	−5	−2	−4	1.5	0.32	0.45	−1.9

(5) 不同灌溉施肥方式和施肥量对土壤养分表观平衡的影响。对试验地进行养分收支平衡分析，从表 5-77 可以看出，除不施肥区外，氮肥和磷肥都有剩余，相同的施肥量，滴灌施肥由于产量较高，氮肥和磷肥的剩余量均小于畦灌冲肥。辣椒是吸收钾肥较多的作物，相对氮、磷元素，钾素施用不足，需从土壤中吸收 K_2O 2.48～10.21kg/667m²，满足各处理作物生长需要。氮的移动性较大，在土壤中的剩余量随水淋失严重，易造成环境污染，生产中应注意减少磷肥和氮肥用量。

表 5-77　不同灌溉施肥方式和施肥量对土壤养分表观平衡的影响

处理	施用量(kg/667m²)			吸收量(kg/667m²)			平衡量(kg/667m²)		
	N	P_2O_5	K_2O	N	P_2O_5	K_2O	N	P_2O_5	K_2O
1	0	0	0	9.31	2.26	11.41	−9.31	−2.26	−11.41
2	31.4	43	20.1	24.72	5.99	30.31	6.68	37.01	−10.21
3	41.6	54.6	26	25.05	6.07	30.72	16.55	48.53	−4.72
4	51.5	67.3	31.9	28.04	6.8	34.38	23.46	60.5	−2.48
5	41.6	54.6	26	17.61	4.27	21.59	23.99	50.33	4.41

注:平衡量为(施用量—吸收量)。

(6)不同灌溉施肥方式对肥料利用率的影响。从表 5-78 可以看出，滴灌施肥中等施肥水平的氮、磷、钾肥利用率分别为 37.84%、6.98%和 74.27%，比畦灌冲肥的氮、磷、钾肥利用率 19.95%、3.69%和 39.04%分别提高 17.89 个百分点、3.29 个百分点和 35.23 个百分点，说明滴灌施肥能明显提高肥料的利用率。

表 5-78　辣椒不同灌溉施肥方式的肥料利用率

处理	施用量(kg/667m²)			产量(kg/667m²)	吸收养分量(kg/667m²)			肥料利用率(%)		
	N	P_2O_5	K_2O		N	P_2O_5	K_2O	N	P_2O_5	K_2O
1	0	0	0	1895.34	9.31	2.26	11.41			

续表

处理	施用量(kg/667m²)			产量(kg/667m²)	吸收养分量(kg/667m²)			肥料利用率(%)		
	N	P_2O_5	K_2O		N	P_2O_5	K_2O	N	P_2O_5	K_2O
2	31.4	43	20.1	5035.12	24.72	5.99	30.31	49.08	8.67	94.03
3	41.6	54.6	26	5102.8	25.05	6.07	30.72	37.84	6.98	74.27
4	51.5	67.3	31.9	5710.64	28.04	6.8	34.38	36.37	6.75	72.01
5	41.6	54.6	26	3586.55	17.61	4.27	21.56	19.95	3.69	39.04

二、果树水肥一体化技术效果研究

(一)乳山市日光温室草莓水肥一体化技术

2009年8月～2010年6月,在乳山寨镇小管村日光温室草莓水肥一体化项目区内进行,日光温室面积为966.7m^2。土壤类型为棕壤,质地轻壤。

土壤养分状况:有机质为14.2g/kg,碱解氮为145mg/kg,有效磷为80mg/kg,速效钾为198mg/kg,pH为5.5,容重为1.4g/cm^3。目标产量为2500kg/667m^2。大垄双行种植,垄面宽为0.6m,垄沟为0.2m。基施鸡粪4000kg/667m^2。

1.试验设计。

试验设6个处理,①不施肥、畦灌。②冲肥、畦灌。③不施肥、采用滴灌方式进行灌溉。④滴灌、施肥量比适宜施肥量减少30%。⑤滴灌,根据目标产量进行配方施肥。⑥滴灌、施肥量比适宜施肥量增加30%。施肥试验方案如表5-79所示,灌溉制度如表5-80所示。

表5-79 草莓施肥试验方案

处理	施肥总量(kg/667m²)				基肥(kg/667m²)			追肥(kg/667m²)		
	N	P_2O_5	K_2O	合计	N	P_2O_5	K_2O	N	P_2O_5	K_2O
1	0	0	0	0	0	0	0	0	0	0
2	23	15.4	31.1	69.5	7.5	7.5	7.5	15.5	7.9	23.6
3	0	0	0	0	0	0	0	0	0	0
4	12.2	7	15.7	34.9	5	5	5	7.2	2	10.7
5	17.4	10	22.4	49.8	5	5	5	12.4	5	17.4
6	22.6	13	29.1	64.7	7.5	7.5	7.5	15.1	5.5	21.6

表 5-80　　草莓处理 5 滴灌施肥制度

生长时期	灌水次数	灌水定额 ($m^3/667m^2$)	灌溉方式	每次施肥量($kg/667m^2$)				
				N	P_2O_5	K_2O	合计	肥料配方 $N-P_2O_5-K_2O$
定植前	1	20	沟灌	5	5	5	15	20—20—20
苗期	0～1	0～8	滴灌	0	0	0	0	
开花—现蕾	1	12	滴灌	1.3	0.5	1.8	3.6	19—8—27
果实膨大期	2	14	滴灌	1.3	0.5	1.8	7.2	19—8—27
采收期	5	15	滴灌	1.7	0.7	2.4	24	19—8—27
合计	9～10	140～150		17.4	10	22.4	49.8	

畦灌冲肥方法是在畦首灌水口处将肥料随水均匀施入。滴灌施肥将肥料溶解在桶中，灌水时肥料溶液随水注入灌溉系统中，施在近根处。在每个处理首部安装独立开关，准确测量每次灌水量及全生育期灌水量。其他田间操作均由农户统一管理。

2. 试验结果与分析。

(1) 具有明显的节水、节肥效果。从表 5-81 可以看出，滴灌减量施肥没有达到目标产量。在实现目标产量的情况下，适量施肥和增量施肥 2 个处理比畦灌冲肥节水 52～57 $m^3/667m^2$，节约 26%～28.5%，节肥 4.8～19.7 $kg/667m^2$，节约 6.9%～28.3%。滴灌配方施肥节水、节肥效果明显。

表 5-81　　草莓滴灌施肥的节水、节肥效果

处理	施肥量($kg/667m^2$)				产量 ($kg/667m^2$)	灌水量 ($m^3/667m^2$)	与畦灌冲肥相比			
	N	P_2O_5	K_2O	合计			节水 ($m^3/667m^2$)	节水 (%)	节肥 ($kg/667m^2$)	节肥 (%)
1	0	0	0	0	1088	200				
2	23	15.4	31.1	69.5	2270	200				
3	0	0	0	0	1180	143	57	28.5		
4	12.2	7	15.7	34.9	2046	138	62	31	34.6	49.8
5	17.4	10	22.4	49.8	2740	143	57	28.5	19.7	28.3
6	22.6	13	29.1	64.7	3029	148	52	26	4.8	6.9

(2)提高了产量。畦灌冲肥草莓产量为 2270$kg/667m^2$，滴灌施肥 3 个处理草莓产量随施肥量增加而增加，分别为 2046 $kg/667m^2$、2740$kg/667m^2$、

3029kg/667m²,其中施肥量与畦灌冲肥相当的处理6草莓增产759kg/667m²。经方差分析,中等施肥量及增量滴灌施肥比畦灌冲肥增产效果显著。

(3)提高了水分生产率。日光温室栽培不受降水的影响,土壤提供的水分很少,可以忽略不计,所以,日光温室草莓全生育期的需水量可以看作全由灌溉提供。从表5-82可以看出,不施肥的两个处理相比,滴灌比畦灌水分生产率提高2.81kg/m³。滴灌施肥与畦灌冲肥相比,滴灌施肥水分生产率均高于畦灌冲肥处理,随滴灌施肥量增加而增加,分别提高3.48kg/m³、7.81kg/m³、9.12kg/m³。

表5-82　　草莓畦灌和滴灌的水分生产率

处理	产量(kg/667m²)	灌水量(m^3/667m²)	水分生产率(kg/m³)	比对照水分生产率增(kg/m³)
1	1088	200	5.44	
2	2270	200	11.35	
3	1180	143	8.25	2.81
4	2046	138	14.83	3.48
5	2740	143	19.16	7.81
6	3029	148	20.47	9.12

(4)提高了肥料利用率。从表5-83可以看出,滴灌施肥与畦灌冲肥相比,氮、磷、钾肥的利用率都有大幅度提高。滴灌减量施肥、适量施肥、增量施肥比畦灌冲肥处理氮肥利用率分别提高8.48个百分点、16.53个百分点、13.18个百分点,磷肥分别提高7.92个百分点、13.31个百分点、10.98个百分点,钾肥分别提高8.58个百分点、15.82个百分点、12.79个百分点,说明滴灌施肥是提高化肥利用率的有效技术手段。

表5-83　　草莓不同灌溉施肥方式的肥料利用率

处理	产量(kg/667m²)	吸收养分量(kg/667m²)			施入养分量(kg/667m²)			肥料利用率(%)		
		N	P_2O_5	K_2O	N	P_2O_5	K_2O	N	P_2O_5	K_2O
1	1088	4.71	1.82	5.44	0	0	0			
2	2270	9.83	3.79	11.35	23.0	15.4	31.1	22.26	12.79	19
3	1180	5.11	1.97	5.9	0	0	0			
4	2046	8.86	3.42	10.23	12.2	7	15.7	30.74	20.71	27.58
5	2740	11.86	4.58	13.7	17.4	10	22.4	38.79	26.1	34.82
6	3029	13.12	5.06	15.15	22.6	13	29.1	35.44	23.77	31.79

(5)取得了显著经济效益。从表 5-84 可以看出，由于各处理施肥量及灌溉方式的不同，纯收入也有所差异。

除了滴灌减量施肥处理外，滴灌施肥纯收入比传统畦灌冲肥明显增加，增长率达到 26.8%～40.9%。滴灌施肥 3 个处理之间，随着施肥量的增加，纯收入也在增加。

表 5-84　草莓不同灌溉施肥方式的经济效益

处理	产量	产值	生产成本(元/667m²)						纯收入	增加值	增长率
	(kg/667m²)	(元/667m²)	肥料	农药	水电	用工	分摊	合计	(元/667m²)	(元/667m²)	(%)
1	1088	10880	0	150	150	2000	0	2300	8580	−10659	−55.4
2	2270	22700	1161	150	150	2000	0	3461	19239		
3	1180	11800	0	90	100	1800	150	2140	9660	−9579	−49.8
4	2046	20460	513	90	100	1800	150	2653	17807	−1432	−7.4
5	2740	27400	873	90	100	1800	150	3013	24387	5148	26.8
6	3029	30290	1041	90	100	1800	150	3181	27109	7870	40.9

注：(1)草莓平均 10 元/kg，为整个收获期的平均价格；

(2)以畦灌冲施处理为对照。

(二)肥城市日光温室油桃水肥一体化技术

试验地设在肥城市桃园镇西里村日光温室油桃核心示范区内，面积为 384m²，油桃行距为 2m，株距为 1m。

试验自 2005 年 11 月底至 2006 年 4 月 30 日进行。试验地为 6 年的日光温室，土壤(0～40cm)有机质为 9.5g/kg，全氮为 0.88g/kg，有效磷为 68.1mg/kg，速效钾为 160 mg/kg，土壤容重为 1.34g/cm³，pH 为 7.5。该棚习惯灌溉时不覆盖地膜。

1.试验设计。

试验采用滴灌施肥和大水漫灌习惯施肥 2 种方式，根据上年油桃产量和当时的树势，预计目标产量为 2500kg/667m²。2005 年 9 月中旬，该棚施入有机肥 2500kg。计算化肥用量时，将有机肥作为培肥地力因素不予考虑。

根据作物的需肥规律和农民的习惯施肥水平试验共设 3 个施肥水平、5 个处理。①滴灌不施肥。②滴灌减量施肥 30%。③滴灌适量施肥。④滴灌增量施肥 30%。⑤畦灌冲肥。施肥方案如表 5-85 所示，灌水方案如表 5-86 所示。试验不设重复，除以上所列施肥、灌水措施不同外，各处理其他管理措施一致。

表 5-85　　油桃施肥试验方案　　单位：kg/667m²

处理	N	P_2O_5	K_2O	总计	萌芽期			花后期			硬核期			膨大期		
					N	P_2O_5	K_2O	N	P_2O_5	K_2O	N	P_2O_5	K_2O	N	P_2O_5	K_2O
1	0	0	0	0	0	0	0	0	0	0	0	0	0	0	0	0
2	16.8	14.6	19	50.4	9.7	9.7	9.7	2.8	2.0	2.8	2.3	1.5	3.3	2	1.4	3.2
3	24	20.8	27.1	71.9	13.5	13.5	13.5	4.2	2.2	4.2	3.3	2.6	4.7	3	2.5	4.7
4	31.2	27	35.2	93.4	18	18	18	5.2	3.2	5.2	4	3	5.5	4	2.8	6.5
5	60.8	13	13	86.8	13	13	13	27.6	0	0	0	0	0	20.2	0	0

表 5-86　　油桃灌水试验方案　　单位：m³/667m²

处理	总计	萌芽期	花后	硬核期	膨大期
1	90	30	20	20	20
2	90	30	20	20	20
3	90	30	20	20	20
4	90	30	20	20	20
5	130	50	30	25	25

试验期间各处理均浇水 4 次，分别在扣棚升温前（12 月 2 日）、花后（3 月 11 日）、硬核期（3 月 22 日）和果实膨大期（4 月 2 日）。处理 2、处理 3、处理 4 施肥 4 次，时间与浇水一致。处理 5 施肥 3 次，硬核期不施肥。

2. 试验结果与分析。

（1）具有明显的节肥、节水效果。从表 5-87 可以看出，在产量增加的情况下，滴灌施肥各处理比畦灌冲肥节水 44.5～45.4m³/667m²，节约 33.7%～34%。不同施肥水平、同种灌溉方式的 3 个处理之间，随着施肥量的增加，产量也随之增加，但高水平施肥量的产量较中水平施肥量的产量增幅小，说明高水平施肥量接近最大施肥量。滴灌适量、减量施肥较畦灌冲肥节肥 14.9～36.4kg/667m²，节约 17.2%～41.9%。

表 5-87　　油桃灌溉施肥的节水、节肥效果

处理	产量（kg/667m²）	施肥量（kg/667m²）	灌水量（m³/667m²）	与畦灌冲肥相比			
				节水（m³/667m²）	节水（%）	节肥（kg/667m²）	节肥（%）
1	1445	0	88	45.4	34		
2	2244	50.4	88.5	44.9	33.7	36.4	41.9

续表

处理	产量(kg/667m²)	施肥量(kg/667m²)	灌水量(m³/667m²)	与畦灌冲肥相比			
				节水(m³/667m²)	节水(%)	节肥(kg/667m²)	节肥(%)
3	2345	71.9	88.9	44.5	33.4	14.9	17.2
4	2394	93.4	88.3	45.1	33.8	−6.6	−7.6
5	1855	86.8	133.4				

(2) 改善了油桃商品性。从表 5-88 可以看出，采用滴灌施肥各处理与畦灌冲肥相比，油桃单果重都有所增加，但不同滴灌施肥量增加有所不同，其中施肥高水平的单果重最大，说明滴灌施肥方式能增加油桃单果重，从而提高油桃商品性。

表 5-88　油桃不同灌溉施肥方式的单果重

处理	单果重(g)	比畦灌冲肥增减(g)
1	37.6	−1.4
2	42.1	3.1
3	43	4
4	43.2	4.2
5	39	

(3)提高了产量。从表 5-89 可以看出，微灌施肥比畦灌冲肥增产 389～539kg/667m²，增产率为 21%～29.1%，增幅较大。

表 5-89　油桃不同灌溉施肥方式的产量

处理	小区面积(m²)	小区产量(kg)	平均产量(kg/667m²)	与畦灌冲肥相比	
				增产(kg)	增长(%)
1	48	104	1445	−410	−22.1
2	96	323.1	2244	389	21
3	96	337.7	2345	490	26.4
4	96	344.7	2394	539	29.1
5	48	133.5	1855		

(4)提高了水分生产率。2005 年 5 月，油桃采摘结束并对桃树修剪整形后畦灌 1 次，灌水量为 50 m³/667m²。油桃整个生长周期灌水量由试验前和

试验中2个阶段累加，依此来计算水分生产率。

从表5-90可以看出，滴灌方式能有效提高灌溉水分生产率及油桃产量。滴灌施肥（CK除外）的水分生产率为16.2～17.31kg/m^3，畦灌冲肥为10.47kg/m^3。滴灌施肥比畦灌冲肥提高5.73～6.84kg/m^3。

表5-90　　油桃不同灌溉施肥方式的水分生产率

处理	产量（kg/667m^2）	灌溉水量（m^3/667m^2）	水分生产率（kg/m^3）
1	1445	138	10.47
2	2244	138.5	16.2
3	2345	138.9	16.88
4	2394	138.3	17.31
5	1855	183.4	10.11

（5）提高了肥料利用率。从表5-91可以看出，滴灌施肥的肥料利用率比畦灌冲肥的高。滴灌施肥利用率以施肥量为低水平的处理最高，其次为中水平、高水平。

滴灌低肥量水平肥料氮、磷、钾的利用率分别为22.8%、10.96%和31.95%，比畦灌冲肥的氮、磷、钾利用率分别高出19.58个百分点、4.65个百分点和7.95个百分点。

表5-91　　油桃不同灌溉施肥方式的肥料利用率

处理	肥料施用量（kg/667m^2）			产量（kg/667m^2）	吸收养分量（kg/667m^2）			肥料利用率（%）		
	N	P_2O_5	K_2O		N	P_2O_5	K_2O	N	P_2O_5	K_2O
1	0	0	0	1445	6.94	2.89	10.98			
2	16.8	14.6	19	2244	10.77	4.49	17.05	22.8	10.96	31.95
3	24	20.8	27.1	2345	11.26	4.69	17.82	18	8.65	25.24
4	31.2	27	35.2	2394	11.49	4.79	18.19	14.58	7.04	20.48
5	60.8	13	13	1855	8.9	3.71	14.1	3.22	6.31	24

（6）取得了显著的经济效益。由表5-92结果看出，采用滴灌施肥经济效益显著，与习惯畦灌冲肥相比，增加效益明显，增加产值3993～5045元/667 m^3，其中以滴灌施肥高水平为最高。

表 5-92　油桃不同灌溉施肥方式的经济效益

处理	产量(kg/667m²)	产值(元/667m²)	生产成本(元/667m²)						纯收入(元/667m²)	与畦灌冲肥相比	
			肥料	农药	水费	地膜	用工	总计		增值(元/667m²)	增幅(%)
1	1445	12716	0	40	44	45	1500	1629	11087		
2	2244	19747	316	40	44	45	1500	1945	17802	3993	28.91
3	2345	20636	455	40	44	45	1500	2084	18552	4743	34.35
4	2394	21067	584	40	44	45	1500	2213	18854	5045	36.53
5	1855	16324	387	60	68	0	2000	2515	13809		

注：按油桃平均价格 8.8 元/kg 计算。

(三)荣成市苹果水肥一体化技术

试验地设在荣成市埠柳镇风头村苹果滴灌施肥示范区内，试验地土壤类型为河潮土，质地为砂壤土。树龄为 11 年，常年产量在 4000kg/667m² 左右。0～20cm 土壤养分情况：有机质为 11.2g/kg，全氮为 0. 81 g/kg，碱解氮为 58mg/kg，有效磷为 61.5 mg/kg，速效钾为 230 mg/kg，pH 为 6.2。

1. 试验设计。

试验共设滴灌施肥和漫灌冲肥 2 种施肥方式，共 4 种施肥水平、5 个处理。①滴灌不施肥，果树为 74 棵，面积为 667m²。②滴灌施肥低水平，果树为 87 棵，面积为 787m²。③滴灌施肥中水平，果树为 99 棵，面积为 894m²。④滴灌施肥高水平，果树为 95 棵，面积为 854m²。⑤漫灌冲肥，果树为 74 棵，面积为 667m²。

在 5 个处理首部都单独安装了水表，以准确测量每次灌水量及全年灌水量，计算水分利用率及微灌节水效果。试验施肥方案如表 5-93 所示。

表 5-93　苹果滴灌施肥试验方案　单位：kg/667m²

处理	滴灌施肥低水平				滴灌施肥中水平				滴灌施肥高水平				漫灌冲肥			
施肥时间	N	P_2O_5	K_2O	总计	N	P_2O_5	K_2O	总计	N	P_2O_5	K_2O	总计	N	P_2O_5	K_2O	总计
基肥	10.2	13.3	8.2	31.7	12.3	16.8	9.8	38.9	14.4	20.3	11.4	46.1	10.8	8.64	12.96	32.4
4 月底	6.8	0.57	2.05	9.42	8.2	0.72	2.45	11.37	9.6	0.87	2.85	13.32	0	0	0	0
5 月花后	3.4	0.57	2.05	6.02	4.1	0.72	2.45	7.27	4.8	0.87	2.85	8.52	0	0	0	0
5 月底	3.4	0.57	4.1	8.07	4.1	0.72	4.9	9.72	4.8	0.87	5.7	11.37	0	0	0	0
6 月中旬	6.8	1.14	4.1	12.04	8.2	1.44	4.9	14.54	9.6	1.74	5.7	17.04	12.8	16	20	48.8
6 月底	3.4	0.57	4.1	8.07	4.1	0.72	4.9	9.57	4.8	0.87	5.7	11.37	0	0	0	0

续表

处理	滴灌施肥低水平				滴灌施肥中水平				滴灌施肥高水平				漫灌冲肥			
施肥时间	N	P_2O_5	K_2O	总计	N	P_2O_5	K_2O	总计	N	P_2O_5	K_2O	总计	N	P_2O_5	K_2O	总计
7月中旬	0	1.14	8.2	9.34	0	1.44	9.8	11.24	0	1.74	11.4	13.14	0	0	0	0
8月中旬	0	1.14	8.2	9.34	0	1.44	9.8	11.24	0	1.74	11.4	13.14	14.31	6.21	32.4	52.92
合计	34	19	41	94	41	24	49	114	48	29	57	134	37.91	30.85	65.36	134.12

2.试验结果与分析。

(1)提高了产量。从表5-94可以看出,水肥一体化比传统漫灌冲肥增产112～168.4kg/667m²,增产率为4.4%～6.61%。在施肥量基本相同的条件下,水肥一体化处理比传统漫灌冲肥增产168.4kg/667m²,增产6.6%,经方差分析,处理之间差异达到极显著水平。

表5-94 苹果不同灌溉施肥方式的产量

处理	施肥量(kg/667m²)	Ⅰ(kg/667m²)	Ⅱ(kg/667m²)	Ⅲ(kg/667m²)	平均产量(kg/667m²)	比漫灌冲肥	
						增产(kg/667m²)	增产率(%)
1	0	1028	1057	1023	1036		
2	94	2674	2692	2614	2660	112	4.4
3	114	2681	2657	2690	2676	128	5.02
4	134	2732	2710	2707	2716	168	6.6
5	134.12	2583	2531	2530	2548		

(2)提高了肥料利用率。传统漫灌冲肥的氮、磷、钾利用率分别为11.98%、3.92%和7.39%,滴灌施肥肥料利用率除氮肥外,磷、钾肥均比传统灌溉冲肥高,其中磷肥高0.7～2.92个百分点,钾肥高2.03～5.27个百分点(见表5-95)。

表5-95 苹果不同灌溉施肥方式肥料当季利用率

处理	产量(kg/667m²)	吸收养分量(kg/667m²)			施入养分量(kg/667m²)			肥料利用率(%)		
		N	P_2O_5	K_2O	N	P_2O_5	K_2O	N	P_2O_5	K_2O
1	1036	3.11	0.83	3.32	0	0	0			
2	2660	7.99	2.13	8.51	34	19	41	14.35	6.84	12.66
3	2676	8.03	2.14	8.56	41	24	49	12	5.46	10.69
4	2716	8.15	2.17	8.69	48	29	57	10.5	4.62	9.42
5	2548	7.65	2.04	8.15	37.91	30.85	65.36	11.98	3.92	7.39

三、设施蔬菜及果树水肥一体化技术效果示范

(一)招远市日光温室黄瓜水肥一体化技术示范

1.基本情况。

2008～2009年,在招远市辛庄镇马连沟村和罗峰办事处郭家埠村分别设立了示范区,总面积为27.9hm^2。黄瓜日光温室大棚为145个,土壤类型均为棕壤,土体厚度在100cm以上。土壤养分状况如表5-96所示。

表5-96　　示范区日光温室土壤养分状况

有机质(g/kg)	有效磷(mg/kg)	速效钾(mg/kg)	有效钙(mg/kg)	有效镁(mg/kg)	有效铁(mg/kg)	有效锰(mg/kg)	有效锌(mg/kg)	有效硼(mg/kg)	pH
8.7	42.5	139	54	19.7	23.8	14.9	1.6	1.9	5.6

2.滴灌施肥示范方案。

施肥采用基、追结合的方式,以追肥为主。基施有机肥(含饼肥)均按农民习惯施用,一般每667m^{2}基施三元复合肥(15-15-15)80kg,配施5m^{3}左右优质有机肥料,追肥随滴灌施入。滴灌施肥技术方案如表5-97所示。

表5-97　　日光温室黄瓜滴灌施肥试验方案

生育期	灌水次数	灌水定额($m^3/667m^2$)	灌水量($m^3/667m^2$)	每次用肥量($kg/667m^2$)			小计($kg/667m^2$)		
				N	P_2O_5	K_2O	N	P_2O_5	K_2O
定植前	1	40	40	12	12	12	12	12	12
移栽—开花	2	11	22	2.8	2.8	4.5	5.6	5.6	9
开花—结果	2	11	22	2.4	2.4	4.4	4.8	4.8	8.8
采收初期	6	12	72	2.4	1.5	4.4	14.4	9	26.4
采收中期	10	13	130	2	1.5	2.4	20	15	24
采收末期	5	12	60	2.5	0.5	0.5	12.5	2.5	2.5
合　计	26		346				69.3	48.9	82.7

3.示范效果。

据对2个示范区周边36个传统畦灌冲肥的大棚浇水、施肥情况调查统计,全生育期平均浇水25次,浇水总量为404 m^3/667m^2;施用化肥折纯N 89.7kg/667m^2、P_2O_5 46kg/667m^2、K_2O 112.1kg/667m^2,氮、磷、钾养分累计247.8kg/667m^2。平均肥料投入成本971.95元/667m^2,黄瓜产量平均为14690.6 kg/667m^2。

145个日光温室滴灌施肥示范表明，日光温室黄瓜全生育期灌溉用水为 $346m^3/667m^2$，化肥施用量折纯 N69.3kg/$667m^2$、P_2O_5 48.9 kg/$667m^2$、K_2O 82.7 kg/$667m^2$，总养分为 200.9kg/$667m^2$。肥料投入成本折算平均为798.06元/$667m^2$，黄瓜平均产量为 18012.2kg/$667m^2$（见表 5-98）。

表 5-98　　日光温室黄瓜滴灌施肥的示范效果

	日光温室个数	产量（kg/$667m^2$）	灌溉水量（$m^3/667m^2$）	肥料用量（kg/$667m^2$）			
				合计	N	P_2O_5	K_2O
传统畦灌冲肥区	36	14690.6	404	247.8	89.7	46	112.1
示范区	145	18012.2	346	200.9	69.3	48.9	82.7
对比结果		3321.6	−58	−46.9	−20.4	2.9	−29.4

滴灌施肥与传统畦灌冲肥相比，滴灌施肥示范棚在 $667m^2$ 面积上减少灌溉用水 $58m^3$，在减少化肥投入量 46.9kg 的情况下，黄瓜增产 3321.6kg，按黄瓜市场价格 2.1 元/kg 计算，可增加产值收入 6975.36 元。加上节水节肥节省的投入，共增收 7149.25 元，经济效益极为显著。通过日光温室黄瓜水肥一体化技术方案的实施，$27.9hm^2$ 示范区共节水 $2.43\times10^4m^3$，节肥19627.6kg，净增加经济效益 299.2 万元。

（二）乳山市苹果水肥一体化技术示范

2009 年 3 月，在乳山市南黄镇高家屯村果园进行苹果水肥一体化示范，示范区面积为 $3002m^2$，果树品种为红富士。试验地块土壤类型为棕壤，质地为轻壤，土壤容重为 $1.4g/cm^3$，田间持水量为 23%，该果园种植年限为 11 年，正值盛果期，果树株距为 3m，行距为 4m，密度为 51 株/$667m^2$。在春季果树施肥前分析了大量元素养分及部分微量元素养分（见表 5-99）。

表 5-99　　苹果试验地块土壤养分状况

有机质(g/kg)	碱解氮(mg/kg)	有效磷(mg/kg)	速效钾(mg/kg)	有效铁(mg/kg)	有效锰(mg/kg)	有效铜(mg/kg)	有效锌(mg/kg)	pH
9.5	114	38	85	60.2	11	24.5	3	5.2

1. 示范设计。

微灌施肥制度设计参数：日耗水量为 4mm，灌溉水利用系数为 0.95，计划湿润深度为 0.6m，适宜土壤含水量的上限为 25%，下限为 15%，滴头流量为 2.5L/h，目标产量为 4000kg/$667m^2$。根据土壤养分状况、果树需肥特点、肥料利用率，实现目标产量所需的理论施肥量为 N 29kg、P_2O_5 15kg、K_2O 33kg。

试验设 2 个处理，①滴灌施肥 N 29kg、P_2O_5 15kg、K_2O 33kg；②常规施肥、树盘灌溉(CK)，N 39kg、P_2O_5 22.5kg、K_2O 43.5kg，采用放射状沟施方法施肥。

2.苹果滴灌施肥制度。

在田间试验的基础上，确定苹果园滴灌施肥制度如表 5-100 所示。

表 5-100　　盛果期苹果滴灌施肥制度

生育期	灌溉次数	灌水定额($m^3/667m^2$)	每次灌溉加入养分量($kg/667m^2$)				备注
			N	P_2O_5	K_2O	合计	
收获后	1	33	7	6	7	20	树盘灌溉
花前	1	20	5	1.5	3.5	10	滴灌
初花期	1	26.5	4.5	1.5	3.5	9.5	滴灌
花后	1	26.5	4.5	1.5	3.5	9.5	滴灌
初果	1	26.5	4	1.5	3.5	9	滴灌
果实膨大期	1	26.5	4	1.5	5	10.5	滴灌
果实膨大期	1	26.5	0	1.5	7	8.5	滴灌
合计	7	185.5	29	15	33	77	滴灌

3.示范效果。

(1)改善了苹果的品质和性状。果实采收前，每个处理随机采集 20 个果(套袋)，测定果实硬度、色泽及单果重等指标，并求均值。由表 5-101 可以看出，滴灌施肥增加了苹果的单果重，与常规处理相比，每个苹果平均果重增加 33g，增加 12.3%。硬度增加 1.3kg/cm^2，增加 13.1%。苹果 70%以上着色面积增加 13.3%。

表 5-101　　果实采收期的果重、硬度和着色面积

处　理	单果		硬度		着色面积	
	重量(g)	增加(%)	kg/cm^2	增加(%)	70%以上	增加(%)
滴灌施肥	301	12.3	11.2	13.1	85	13.3
常规施肥灌溉(CK)	268		9.9		75	

(2)具有明显的节水、节肥及增产效果。从表 5-102 可以看出，苹果全年滴灌施肥 77$kg/667m^2$，比常规施肥 105$kg/667m^2$ 节肥 28$kg/667m^2$，节约

26.7%，滴灌用水 185.5 $m^3/667m^2$，比常规树盘灌溉 240 $m^3/667m^2$ 减少 54.5$m^3/667m^2$，节约 22.7%，在此类土壤肥力条件下，每 667m^2 增产 534 kg，增产率为 16.3%。

表 5-102　　苹果水肥一体化的节水、节肥效果

处　理	施肥量($kg/667m^2$)				产量($kg/667m^2$)	灌水量($m^3/667m^2$)	比对照处理			
	N	P_2O_5	K_2O	合计			节水($m^3/667m^2$)	节水(%)	节肥($kg/667m^2$)	节肥(%)
滴灌施肥	29	15	33	77	3803	185.5	54.5	22.7	28	26.7
常规施肥灌溉(CK)	39	22.5	43.5	105	3269	240				

主要参考文献

[1]彭世琪.节水农业技术理论与实践.北京:中国农业出版社,2004

[2]于振文.作物栽培学各论(北方本)(植物生产类专业用).北京:中国农业出版社,2003

[3]陈奇恩.旱地农业实用技术.北京:金盾出版社,2008

[4]林性粹等.旱作物地面灌溉节水技术.北京:中国水利水电出版社,2001

[5]杜贞栋、谷维龙、王华忠.农业非工程节水技术.北京:中国水利水电出版社,2004

[6]迟道才.节水灌溉理论与技术.北京:中国水利水电出版社,2009

[7]彭世琪、崔勇、李涛.微灌施肥农户操作手册.北京:中国农业出版社,2008

[8]万广华、李涛、彭世琪.哥俩种菜——水肥一体化技术就是好.济南:山东大学出版社,2009

[9]彭世琪等.农田土壤墒情监测技术手册.北京:中国农业科学技术出版社,2008

[10]彭世琪、崔勇.微灌施肥实用技术.北京:中国农业出版社,2006

[11]马孝义.北方旱区节水灌溉技术.北京:海潮出版社,1999

[12]万广华等.日光温室草莓水肥一体化生产技术规程.济南:山东省质量技术监督局发布,2011

[13]万广华等.日光温室油桃水肥一体化生产技术规程.济南:山东省质量技术监督局发布,2011

[14]万广华等.日光温室黄瓜水肥一体化生产技术规程.济南:山东省质量技术监督局发布,2011

[15]李涛等.苹果水肥一体化生产技术规程.济南:山东省质量技术监督局发布,2011

[16]李涛等.日光温室番茄水肥一体化生产技术规程.济南:山东省质量技术监督局发布,2011

图书在版编目(CIP)数据

农田节水技术与应用研究/万广华,李涛,高瑞杰主编.—济南:山东大学出版社,2013.4
ISBN 978-7-5607-4770-5

Ⅰ.①农… Ⅱ.①万… ②李… ③高… Ⅲ.①农田灌溉—节约用水—研究 Ⅳ.①S275

中国版本图书馆 CIP 数据核字(2013)第 080633 号

策划编辑:赵　岩
责任编辑:李　港
封面设计:张　荔

出版发行:山东大学出版社
　　社　址　山东省济南市山大南路 20 号
　　邮　编　250100
　　电　话　市场部(0531)88364466
经　销:山东省新华书店
印　刷:山东鸿杰印务集团有限公司
规　格:787 毫米×1092 毫米　1/16
　　11 印张　185 千字
版　次:2013 年 4 月第 1 版
印　次:2013 年 4 月第 1 次印刷
定　价:26.00 元
